U0236297

2018年浙江省主要农作物品种区试报告

浙江省种子管理总站◎编著

浙江大学出版社
ZHEJIANG UNIVERSITY PRESS

全国百佳图书出版单位

图书在版编目（CIP）数据

2018 年浙江省主要农作物品种区试报告 / 浙江省种
子管理总站编著. — 杭州：浙江大学出版社，2019.12
　　ISBN 978-7-308-19894-3

　　Ⅰ．①2⋯ Ⅱ．①浙⋯ Ⅲ．①作物—品种试验—研究
报告—浙江—2018　Ⅳ．①S338

　　中国版本图书馆 CIP 数据核字(2019)第 288034 号

2018 年浙江省主要农作物品种区试报告

浙江省种子管理总站　编著

责任编辑　季　峥（really@zju.edu.cn）

责任校对　张　鸽

封面设计　龚亚如

排　　版　杭州林智广告有限公司

出版发行　浙江大学出版社
　　　　　　（杭州市天目山路 148 号　邮政编码 310007）
　　　　　　（网址：http://www.zjupress.com）

印　　刷　杭州良渚印刷有限公司

开　　本　889mm×1194mm　　1/16

印　　张　9.5

字　　数　243 千

版 印 次　2019 年 12 月第 1 版　2019 年 12 月第 1 次印刷

书　　号　ISBN 978-7-308-19894-3

定　　价　86.00 元

《2018 年浙江省主要农作物品种区试报告》
编委会

主 编：施俊生　王仁杯

副主编：俞琦英　刘　鑫　李　燕

编写人员（按姓氏笔画排序）：

于 兰	丁 峰	马义虎	马志坚	王成豹	王红亮	王宏航
王建裕	王春猜	王美兴	王晓峰	毛小伟	尹一萌	厉伟平
石益挺	叶根如	包 斐	包祖达	过鸿英	吕高强	朱再荣
朱家骝	华 为	刘永安	齐 文	祁永斌	许 岩	许林英
许俊勇	孙雄彪	严百元	李 莉	李婵媛	杨 磊	杨惠祥
吴星星	吴振兴	吴彩凤	何伟民	何贤彪	张世玺	张古文
张伟梅	张琳玲	陆艳婷	陈 剑	陈人慧	陈卫东	陈庆梅
陈利民	陈建江	陈润兴	罗高明	周华成	周道俊	郎淑平
胡义富	胡依君	侯 凡	宣巨华	姚 坚	袁亚明	袁德明
夏俊辉	徐锡虎	唐佳珣	诸亚铭	陶才生	曹金辉	蒋宁飞
蒋海凌	韩娟英	程立巧	程渭树	傅旭军	雷 俊	潘彬荣

前　言

多年来，在浙江省财政厅的支持下，在各试验主持单位和承担单位的共同努力下，我省主要农作物区试工作取得了显著成效，为农业生产筛选了一大批优良品种，对促进品种的更新换代、发展绿色高效农业和现代农作物种业都具有重要意义。

2018年，我省共安排4类作物、19个组别的品种试验，参试品种233个；同时开展了抗性鉴定、品质分析和DNA指纹检测，以便更全面、客观地评价参试品种。为介绍试验情况和系统总结试验工作，我们将水稻、大豆、小麦、玉米品种试验报告汇编成《2018年浙江省主要农作物品种区试报告》。本书着重介绍了各参试品种的丰产性、生育特性、抗性品质等指标，数据翔实、内容全面，可供作物育种科研和教学、种子生产经营和品种推广等有关人员参考使用。

本书是各区试主持人、承试人员辛勤劳动的结晶，在编写与出版过程中也得到了有关领导和专家的支持和帮助。在此，我们对长期辛勤工作在品种试验第一线的广大科技工作者和多年来关心、支持这项工作的各级领导、专家表示衷心的感谢。因时间仓促，如有疏漏，敬请指正。

编著者
2019年11月

目　录

2018 年浙江省早籼稻区域试验和生产试验总结

浙江省种子管理总站

一、试验概况

2018 年浙江省早籼稻区域试验参试品种共 22 个（不包括对照，下同），其中，16 个新参试品种，6 个续试品种；生产试验参试品种 6 个。区域试验采用随机区组排列，小区面积 0.02 亩（1 亩≈667 平方米），重复 3 次；生产试验采用大区对比，大区面积 0.33 亩。试验四周设保护行，同组所有试品种同期播种和移栽，其他田间管理与当地大田生产一致，试验田及时防治病虫害，观察记载标准和项目按《浙江省水稻区域试验和生产试验技术操作规程（试行）》执行。

本区域试验和生产试验分别由金华市种子管理站、余姚市种子管理站、诸暨国家级区域试验站、台州市农业科学研究院、婺城区第一良种场、衢州市种子管理站、温州市原种场、苍南县种子站、江山市种子管理站、嵊州市良种场 10 个单位承担。其中，婺城区第一良种场试点在专业组现场考察时发现存在前期发棵不够导致后期有效穗不足的情况，经商讨做报废处理；金华市农业科学研究院试点因存在区域试验同一组试样播种期不一致的情况，建议做报废处理。生产试验符合要求，可以保留，浙 1613 生产试验种子因部分试点种子提供错误，做报废处理。稻米品质分析、主要病虫害抗性鉴定和转基因检测分别由农业部稻米及制品质量监督检验测试中心（杭州）、浙江省农业科学院植物与微生物研究所和浙江省农业科学院农产品质量标准研究所承担。

二、品种简评

（一）A 组区域试验

1. 中组 53：系中国水稻研究所选育而成的早籼稻新品种，该品种第二年参试。2017 年试验平均亩产 571.7 千克，比对照中早 39 增产 3.3%，未达显著水平；2018 年试验平均亩产 593.2 千克，比对照中早 39 增产 6.2%，达显著水平；两年区域试验平均亩产 582.5 千克，比对照中早 39 增产 4.8%。两年平均全生育期 109.9 天，比对照中早 39 短 0.5 天。该品种两年区域试验平均亩有效穗数 18.5 万穗，株高 91.6 厘米，每穗总粒数 137.2 粒，每穗实粒数 122.5 粒，结实率 89.3%，千粒重 27.5 克。经浙江省农业科学院植物保护与微生物研究所 2017—2018 年抗性鉴定，两年平均叶瘟 3.1 级，穗瘟 7 级，穗瘟损失率 3 级，综合指数为 4.5，白叶枯病 8.2 级。经农业部稻米及制品质量监督检测中心 2017—2018 年检测，两年平均整精米率 62.8%，长宽比 2.0，垩白粒率 92%，垩白度 18.4%，透明度 3 级，胶稠度 56 毫米，直链淀粉含量 24.5%，米质各项指标综合评价为食用稻品种品质部颁普通。该品种符合审定标准，建议

-1-

进入生产试验。

2. 嘉早丰 5 号：系浙江可得丰种业有限公司选育而成的早籼稻新品种，该品种第二年参试，与生产试验同步进行。2017 年试验平均亩产 586.2 千克，比对照中早 39 增产 4.9%，未达显著水平；2018 年试验平均亩产 558.5 千克，比对照中早 39 增产 0%，未达显著水平；两年区域试验平均亩产 572.4 千克，比对照中早 39 增产 3.0%。两年平均全生育期 109.7 天，比对照中早 39 短 0.7 天。2018 年生产试验平均亩产 543.0 千克，比对照中早 39 增产 2.3%。该品种两年区域试验平均亩有效穗数 20.2 万穗，株高 86.1 厘米，每穗总粒数 128.7 粒，每穗实粒数 112.7 粒，结实率 87.6%，千粒重 25.9 克。经浙江省农业科学院植物保护与微生物研究所 2017—2018 年抗性鉴定，两年平均叶瘟 1.8 级，穗瘟 7 级，穗瘟损失率 2 级，综合指数为 3.6，白叶枯病 5.7 级。经农业部稻米及制品质量监督检测中心 2017—2018 年检测，两年平均整精米率 57.8%，长宽比 2.5，垩白粒率 45%，垩白度 4.9%，透明度 3 级，胶稠度 71 毫米，直链淀粉含量 14.8%，米质各项指标综合评价为食用稻品种品质部颁普通。该品种符合审定标准，建议推荐品审会审定。

3. 嘉早丰 18：系浙江可得丰种业有限公司选育而成的早籼稻新品种，该品种第二年参试，与生产试验同步进行。2017 年试验平均亩产 575.1 千克，比对照中早 39 增产 2.9%，未达显著水平；2018 年试验平均亩产 578.4 千克，比对照中早 39 增产 3.6%，未达显著水平；两年区域试验平均亩产 576.8 千克，比对照中早 39 增产 3.8%。两年平均全生育期 111.3 天，比对照中早 39 长 0.9 天。2018 年生产试验平均亩产 578.2 千克，比对照中早 39 增产 9.0%。该品种两年区域试验平均亩有效穗数 18.4 万穗，株高 84.5 厘米，每穗总粒数 147.9 粒，每穗实粒数 122.8 粒，结实率 83.0%，千粒重 26.0 克。经浙江省农业科学院植物保护与微生物研究所 2017—2018 年抗性鉴定，两年平均叶瘟 1.8 级，穗瘟 6 级，穗瘟损失率 2 级，综合指数为 3.4，白叶枯病 4.9 级。经农业部稻米及制品质量监督检测中心 2017—2018 年检测，两年平均整精米率 57.8%，长宽比 2.4，垩白粒率 26%，垩白度 3.2%，透明度 3 级，胶稠度 70 毫米，直链淀粉含量 14.8%，米质各项指标综合评价为食用稻品种品质部颁普通。该品种符合审定标准，建议推荐品审会审定。

4. 中组 126：系杭州种业集团有限公司、中国水稻研究所选育而成的早籼稻新品种，该品种第一年参试。本试验平均亩产 562.8 千克，比对照中早 39 增产 0.8%，未达显著水平。全生育期 108.9 天，比对照中早 39 短 0.5 天。该品种亩有效穗数 22.8 万穗，株高 81.4 厘米，每穗总粒数 105.8 粒，每穗实粒数 93.2 粒，结实率 88.1%，千粒重 27.1 克。经浙江省农业科学院植物保护与微生物研究所 2018 年抗性鉴定，平均叶瘟 0.8 级，穗瘟 1 级，穗瘟损失率 1 级，综合指数为 1.0，白叶枯病 8.4 级。经农业部稻米及制品质量监督检测中心 2018 年检测，平均整精米率 60.9%，长宽比 2.3，垩白粒率 79%，垩白度 12.5%，透明度 3 级，胶稠度 74 毫米，直链淀粉含量 24.7%，米质各项指标综合评价为食用稻品种品质部颁普通。该品种符合审定标准，建议下一年度续试和生产试验同步进行。

5. 中组 100：系龙游县五谷香种业有限公司、中国水稻研究所选育而成的早籼稻新品种，该品种第一年参试。本试验平均亩产 577.1 千克，比对照中早 39 增产 3.3%，未达显著水平。全生育期 108.1 天，比对照中早 39 短 1.3 天。该品种亩有效穗数 21.4 万穗，株高 86.3 厘米，每穗总粒数 119.6 粒，每穗实粒数 105.4 粒，结实率 88.1%，千粒重 27.6 克。经浙江省农业科学院植物保护与微生物研究所 2018 年抗性鉴定，平均叶瘟 3.3 级，穗瘟 9 级，穗瘟损失率 3 级，综合指数为 5.0，白叶枯病 7.7 级。经农业部稻米及制品质量监督检测中心 2018 年检测，平均整精米率 63.1%，长宽比 2.4，垩白粒率 89%，垩白度 16.6%，透明度 3 级，胶稠度 58 毫米，直链淀粉含量 24.9%，米质各项指标综合评价为食用稻品种品质部颁普通。该品种符合审定标准，建议下一年度续试和生产试验同步进行。

6. 中组 58：系中国水稻研究所选育而成的早籼稻新品种，该品种第一年参试。本试验平均亩产 543.8 千克，比对照中早 39 减产 2.6%，未达显著水平。全生育期 108.3 天，比对照中早 39 短 1.2 天。该品种亩有效穗数 19.9 万穗，株高 86.7 厘米，每穗总粒数 133.2 粒，每穗实粒数 113.5 粒，结实率 85.2%，千粒重 27.0 克。经浙江省农业科学院植物保护与微生物研究所 2018 年抗性鉴定，平均叶瘟 1.3 级，穗瘟 3 级，穗瘟损失率 1 级，综合指数为 1.8，白叶枯病 5.0 级。经农业部稻米及制品质量监督检测中心 2018 年检测，平均整精米率 55.6%，长宽比 2.5，垩白粒率 65%，垩白度 11.0%，透明度 3 级，胶稠度 70 毫米，直链淀粉含量 24.9%，米质各项指标综合评价为食用稻品种品质部颁普通。该品种符合审定标准，建议下一年度继续参试。

7. 嘉创 64：系嘉兴市农业科学研究院选育而成的早籼稻新品种，该品种第一年参试。本试验平均亩产 593.9 千克，比对照中早 39 增产 6.3%，达显著水平。全生育期 109.8 天，比对照中早 39 长 0.3 天。该品种亩有效穗数 20.3 万穗，株高 88.7 厘米，每穗总粒数 142.8 粒，每穗实粒数 116.3 粒，结实率 81.4%，千粒重 28.5 克。经浙江省农业科学院植物保护与微生物研究所 2018 年抗性鉴定，平均叶瘟 0.5 级，穗瘟 1 级，穗瘟损失率 1 级，综合指数为 1.0，白叶枯病 8.5 级。经农业部稻米及制品质量监督检测中心 2018 年检测，平均整精米率 53%，长宽比 2.3，垩白粒率 85%，垩白度 15.4%，透明度 3 级，胶稠度 80 毫米，直链淀粉含量 25.3%，米质各项指标综合评价为食用稻品种品质部颁普通。该品种符合审定标准，建议下一年度继续参试。

8. 中两优 157：系中国水稻研究所选育而成的早籼稻新品种，该品种第一年参试。本试验平均亩产 582.7 千克，比对照中早 39 增产 4.3%，未达显著水平。全生育期 109.5 天，比对照中早 39 长 0.1 天。该品种亩有效穗数 23.7 万穗，株高 78.7 厘米，每穗总粒数 121.5 粒，每穗实粒数 103.0 粒，结实率 84.8%，千粒重 25.4 克。经浙江省农业科学院植物保护与微生物研究所 2018 年抗性鉴定，平均叶瘟 2.3 级，穗瘟 5 级，穗瘟损失率 3 级，综合指数为 3.5，白叶枯病 7.0 级。经农业部稻米及制品质量监督检测中心 2018 年检测，平均整精米率 50.5%，长宽比 3.1，垩白粒率 29%，垩白度 3.9%，透明度 2 级，胶稠度 64 毫米，直链淀粉含量 15.6%，米质各项指标综合评价为食用稻品种品质部颁普通。该品种符合审定标准，建议下一年度继续参试。

9. 陵两优 831：系金华市农业科学研究院、湖南亚华种业科学研究院、金华三才种业公司选育而成的早籼稻新品种，该品种第一年参试。本试验平均亩产 576.6 千克，比对照中早 39 增产 3.2%，未达显著水平。全生育期 110.3 天，比对照中早 39 长 0.8 天。该品种亩有效穗数 21.0 万穗，株高 85.4 厘米，每穗总粒数 129.2 粒，每穗实粒数 108.7 粒，结实率 84.1%，千粒重 26.9 克。经浙江省农业科学院植物保护与微生物研究所 2018 年抗性鉴定，平均叶瘟 3.4 级，穗瘟 7 级，穗瘟损失率 5 级，综合指数为 5.5，白叶枯病 6.4 级。经农业部稻米及制品质量监督检测中心 2018 年检测，平均整精米率 48.0%，长宽比 2.3，垩白粒率 69%，垩白度 11.3%，透明度 3 级，胶稠度 60 毫米，直链淀粉含量 20.1%，米质各项指标综合评价为食用稻品种品质部颁普通。该品种符合审定标准，建议下一年度继续参试。

10. 温科早 1 号：系浙江科诚种业股份有限公司、温州市农业科学院选育而成的早籼稻新品种，该品种第一年参试。本试验平均亩产 495.1 千克，比对照中早 39 减产 11.3%，达极显著水平。全生育期 108.9 天，比对照中早 39 短 0.5 天。该品种亩有效穗数 21.3 万穗，株高 81.3 厘米，每穗总粒数 115.8 粒，每穗实粒数 98.2 粒，结实率 84.8%，千粒重 27.5 克。经浙江省农业科学院植物保护与微生物研究所 2018 年抗性鉴定，平均叶瘟 1.7 级，穗瘟 5 级，穗瘟损失率 1 级，综合指数为 2.5，白叶枯病 8.3 级。经农业部稻米及制品质量监督检测中心 2018 年检测，平均整精米率 51.8%，长宽比 2.0，垩白粒率 90%，垩白度 16.4%，透明度 4 级，胶稠度 78 毫米，直链淀粉含量 25.7%，米质各项指标综合评价为食用稻品种品质部颁普通。该品种不符合审定标准，建议下一年度终止参试。

11. 台早 1640：系台州市农业科学研究院选育而成的早籼稻新品种，该品种第一年参试。本试验平均亩产 555.9 千克，比对照中早 39 减产 0.5%，未达显著水平。全生育期 108.9 天，比对照中早 39 早 0.5 天。该品种亩有效穗数 19.2 万穗，株高 91.7 厘米，每穗总粒数 117.6 粒，每穗实粒数 107.1 粒，结实率 91.1%，千粒重 28.0 克。经浙江省农业科学院植物保护与微生物研究所 2018 年抗性鉴定，平均叶瘟 1.5 级，穗瘟 3 级，穗瘟损失率 1 级，综合指数为 1.8，白叶枯病 8.2 级。经农业部稻米及制品质量监督检测中心 2018 年检测，平均整精米率 64.5%，长宽比 2.0，垩白粒率 87%，垩白度 17.7%，透明度 4 级，胶稠度 50 毫米，直链淀粉含量 24.9%，米质各项指标综合评价为食用稻品种品质部颁普通。该品种符合审定标准，建议下一年度继续参试。

（二）B 组区域试验

1. 舜达 95：系绍兴市舜达种业有限公司、中国水稻研究所选育而成的早籼稻新品种，该品种第二年参试，与生产试验同步进行。2017 年试验平均亩产 590.8 千克，比对照中早 39 增产 5.7%，未达显著水平；2018 年试验平均亩产 577.9 千克，比对照中早 39 增产 4.2%，未达显著水平；两年区域试验平均亩产 584.4 千克，比对照中早 39 增产 5.0%。两年平均全生育期 108.5 天，比对照中早 39 短 1.5 天。2018 年生产试验平均亩产 558.7 千克，比对照中早 39 增产 3.2%。该品种两年区域试验平均亩有效穗数 20.0 万穗，株高 90.9 厘米，每穗总粒数 138.1 粒，每穗实粒数 117.5 粒，结实率 85.1%，千粒重 24.9 克。经浙江省农业科学院植物保护与微生物研究所 2017—2018 年抗性鉴定，两年平均叶瘟 2.0 级，穗瘟 5 级，穗瘟损失率 2 级，综合指数为 2.9，白叶枯病 7.7 级。经农业部稻米及制品质量监督检测中心 2017—2018 年检测，两年平均整精米率 64.7%，长宽比 2.1，垩白粒率 75%，垩白度 12.7%，透明度 4 级，胶稠度 63 毫米，直链淀粉含量 25.4%，米质各项指标综合评价分别为食用稻品种品质部颁普通。该品种符合审定标准，建议推荐品审会审定。

2. 浙 1613：系杭州种业集团有限公司、浙江省农业科学院作物与核技术利用研究所选育而成的早籼稻新品种，该品种第二年参试，与生产试验同步进行。2017 年试验平均亩产 544.6 千克，比对照中早 39 减产 2.5%，未达显著水平；2018 年试验平均亩产 556.1 千克，比对照中早 39 增产 0.3%，未达显著水平；两年区域试验平均亩产 550.4 千克，比对照中早 39 减产 1.1%。两年平均全生育期 107.5 天，比对照中早 39 短 2.5 天。由于生产试验种子提供错误，生产试验数据报废。该品种两年区域试验平均亩有效穗数 19.0 万穗，株高 88.9 厘米，每穗总粒数 133.7 粒，每穗实粒数 113.6 粒，结实率 85.0%，千粒重 26.3 克。经浙江省农业科学院植物保护与微生物研究所 2017—2018 年抗性鉴定，两年平均叶瘟 1.1 级，穗瘟 3 级，穗瘟损失率 2 级，综合指数为 2.2，白叶枯病 8.3 级。经农业部稻米及制品质量监督检测中心 2017—2018 年检测，两年平均整精米率 67.3%，长宽比 2.0，垩白粒率 90%，垩白度 18.6%，透明度 4 级，胶稠度 66 毫米，直链淀粉含量 25.1%，米质各项指标综合评价分别为食用稻品种品质部颁普通。该品种符合审定标准，建议生产试验重做。

3. 舜达 135：系绍兴市舜达种业有限公司、中国水稻研究所选育而成的早籼稻新品种，该品种第二年参试，与生产试验同步进行。2017年试验平均亩产556.1千克，比对照中早39减产0.5%，未达显著水平；2018年试验平均亩产578.8千克，比对照中早39增产4.4%，未达显著水平；两年区域试验平均亩产567.5千克，比对照中早39增产1.9%。两年平均全生育期108.5天，比对照中早39短1.5天。2018年生产试验平均亩产543.9千克，比对照中早39增产0.5%。该品种两年区域试验平均亩有效穗数19.4万穗，株高84.7厘米，每穗总粒数137.2粒，每穗实粒数113.7粒，结实率82.9%，千粒重26.4克。经浙江省农业科学院植物保护与微生物研究所2017—2018年抗性鉴定，两年平均叶瘟0.6级，穗瘟3级，穗瘟损失率1级，综合指数为1.7，白叶枯病8.8级。经农业部稻米及制品质量监督检测中心2017—2018年检测，两年平均整精米率65.0%，长宽比2.1，垩白粒率82%，垩白度14.5%，透明度4级，胶稠度47毫米，直链淀粉含量24.9%，米质各项指标综合评价分别为食用稻品种品质部颁普通。该品种符合审定标准，建议推荐品审会审定。

4. 甬籼634：系浙江龙游县五谷香种业有限公司、宁波市农业科学研究院选育而成的早籼稻新品种，该品种第一年参试。本试验平均亩产598.4千克，比对照中早39增产7.9%，达显著水平。全生育期106.0天，比对照中早39短3.0天。该品种亩有效穗数20.4万穗，株高88.3厘米，每穗总粒数119.8粒，每穗实粒数103.3粒，结实率86.2%，千粒重31.3克。经浙江省农业科学院植物保护与微生物研究所2018年抗性鉴定，平均叶瘟1.5级，穗瘟3级，穗瘟损失率1级，综合指数为1.8，白叶枯病6.4级。经农业部稻米及制品质量监督检测中心2018年检测，平均整精米率23.9%，长宽比2.6，垩白粒率83%，垩白度20.7%，透明度2级，胶稠度84毫米，直链淀粉含量26.1%，米质各项指标综合评价为食用稻品种品质部颁普通。该品种符合审定标准，建议下一年度续试和生产试验同步进行。

5. 浙1730：系浙江省农业科学院作物与核技术利用研究所选育而成的早籼稻新品种，该品种第一年参试。本试验平均亩产533.4千克，比对照中早39减产3.8%，未达显著水平。全生育期106.0天，比对照中早39短3.0天。该品种亩有效穗数22.0万穗，株高82.2厘米，每穗总粒数122.1粒，每穗实粒数110.0粒，结实率90.1%，千粒重25.3克。经浙江省农业科学院植物保护与微生物研究所2018年抗性鉴定，平均叶瘟2.5级，穗瘟5级，穗瘟损失率1级，综合指数为2.5，白叶枯病8.5级。经农业部稻米及制品质量监督检测中心2018年检测，平均整精米率66.1%，长宽比2.1，垩白粒率88%，垩白度16.9%，透明度4级，胶稠度44毫米，直链淀粉含量23.2%，米质各项指标综合评价为食用稻品种品质部颁普通。该品种符合审定标准，建议下一年度继续参试。

6. 浙1702：系绍兴市舜达种业有限公司、浙江省农业科学院作物与核技术利用研究所选育而成的早籼稻新品种，该品种第一年参试。本试验平均亩产542.0千克，比对照中早39减产2.3%，未达显著水平。全生育期106.0天，比对照中早39短3.0天。该品种亩有效穗数21.3万穗，株高84.3厘米，每穗总粒数116.7粒，每穗实粒数106.8粒，结实率91.5%，千粒重26.3克。经浙江省农业科学院植物保护与微生物研究所2018年抗性鉴定，平均叶瘟1.8级，穗瘟5级，穗瘟损失率1级，综合指数为2.3，白叶枯病8.8级。经农业部稻米及制品质量监督检测中心2018年检测，平均整精米率62.3%，长宽比2.0，垩白粒率82%，垩白度18.3%，透明度4级，胶稠度50毫米，直链淀粉含量22.0%，米质各项指标综合评价为食用稻品种品质部颁普通。建议下一年度续试和生产试验同步进行。

7. 浙1708：系杭州种业集团有限公司、浙江省农业科学院作物与核技术利用研究所选育而成的早籼稻新品种，该品种第一年参试。本试验平均亩产543.1千克，比对照中早39减产2.1%，未达显著水平。全生育期107.0天，比对照中早39短2.0天。该品种亩有效穗数21.6万穗，株高84.5厘米，每穗总粒数 116.0 粒，每穗实粒数 101.8 粒，结实率 87.8%，千粒重 24.9 克。经浙江省农业科学院植物保护与微生物研究所 2018 年抗性鉴定，平均叶瘟 1.8 级，穗瘟 7 级，穗瘟损失率 3 级，综合指数为 4.0，白叶枯病 5.0 级。经农业部稻米及制品质量监督检测中心 2018 年检测，平均整精米率 53.8%，长宽比 2.2，胶稠度 81 毫米，直链淀粉含量 5.0%，米质各项指标综合评价为食用稻品种品质部颁普通。该品种符合审定标准，建议下一年度续试和生产试验同步进行。

8. 中组 18：系浙江勿忘农种业股份有限公司、中国水稻研究所选育而成的早籼稻新品种，该品种第一年参试。本试验平均亩产 560.4 千克，比对照中早 39 增产 1.1%，未达显著水平。全生育期 106.0 天，比对照中早 39 短 3.0 天。该品种亩有效穗数 22.5 万穗，株高 84.4 厘米，每穗总粒数 101.6 粒，每穗实粒数 92.0 粒，结实率 90.6%，千粒重 27.0 克。经浙江省农业科学院植物保护与微生物研究所 2018 年抗性鉴定，平均叶瘟 4.0 级，穗瘟 7 级，穗瘟损失率 5 级，综合指数为 5.8，白叶枯病 7.7 级。经农业部稻米及制品质量监督检测中心 2018 年检测，平均整精米率 61.6%，长宽比 2.2，垩白粒率 83%，垩白度 15.7%，透明度 4 级，胶稠度 71 毫米，直链淀粉含量 25.3%，米质各项指标综合评价为食用稻品种品质部颁普通。该品种符合审定标准，建议下一年度续试和生产试验同步进行。

9. 中组 33：系中国水稻研究所选育而成的早籼稻新品种，该品种第一年参试。本试验平均亩产 563.2 千克，比对照中早 39 增产 1.6%，未达显著水平。全生育期 108.0 天，比对照中早 39 短 1.0 天。该品种亩有效穗数 22.1 万穗，株高 85.2 厘米，每穗总粒数 116.8 粒，每穗实粒数 103.1 粒，结实率 88.3%，千粒重 26.2 克。经浙江省农业科学院植物保护与微生物研究所 2018 年抗性鉴定，平均叶瘟 4.3 级，穗瘟 7 级，穗瘟损失率 5 级，综合指数为 5.8，白叶枯病 5.0 级。经农业部稻米及制品质量监督检测中心 2018 年检测，平均整精米率 60.2%，长宽比 2.3，垩白粒率 69%，垩白度 12.3%，透明度 4 级，胶稠度 72 毫米，直链淀粉含量 25.2%，米质各项指标综合评价为食用稻品种品质部颁普通。该品种因指纹鉴定与已审定品种重复，建议下一年度终止参试。

10. 中组 152：系龙游县五谷香种业有限公司、中国水稻研究所选育而成的早籼稻新品种，该品种第一年参试。本试验平均亩产 609.0 千克，比对照中早 39 增产 9.8%，达极显著水平。全生育期 106.0 天，比对照中早 39 短 3.0 天。该品种亩有效穗数 22.6 万穗，株高 85.6 厘米，每穗总粒数 115.2 粒，每穗实粒数 100.7 粒，结实率 87.4%，千粒重 28.4 克。经浙江省农业科学院植物保护与微生物研究所 2018 年抗性鉴定，平均叶瘟 5.0 级，穗瘟 9 级，穗瘟损失率 5 级，综合指数为 6.3，白叶枯病 7.9 级。经农业部稻米及制品质量监督检测中心 2018 年检测，平均整精米率 52.7%，长宽比 2.2，垩白粒率 76%，垩白度 17.4%，透明度 4 级，胶稠度 73 毫米，直链淀粉含量 25.7%，米质各项指标综合评价为食用稻品种品质部颁普通。该品种不符合审定标准，建议下一年度终止参试。

11. 甬籼 641：系宁波市农业科学研究院选育而成的早籼稻新品种，该品种第一年参试。本试验平均亩产 532.5 千克，比对照中早 39 减产 4.0%，未达显著水平。全生育期 106.0 天，比对照中早 39 短 3.0 天。该品种亩有效穗数 22.9 万穗，株高 79.6 厘米，每穗总粒数 114.8 粒，每穗实粒数 104.4 粒，结实率 90.9%，千粒重 24.8 克。经浙江省农业科学院植物保护与微生物研究所 2018 年抗性鉴定，平均叶瘟 0.8 级，穗瘟 3 级，穗瘟损失率 1 级，综合指数为 1.5，白叶枯病 8.5 级。经农业部稻米及制品质量监督检测中心 2018 年检测，平均整精米率 58.7%，长宽比 2.4，垩白粒率 22%，垩白度 2.8%，透明度 3 级，胶稠度 75 毫米，直链淀粉含量 13.4%，米质各项指标综合评价为食用稻品种品质部颁普通。该品种符合审定标准，建议下一年度继续参试。

相关结果见表1~表8。

表1 2018年浙江省早籼稻（A组）区域试验和生产试验参试品种和申请（供种）单位表

试验类别	品种名称	亲本	申请（供种）单位
区域试验	中组53（续）	中早39/金10-02	中国水稻研究所
	嘉早丰5号（续）	（G03-187//Z209/r201///Z7352）/（嘉育253/舟优978//中组4号/1732///浙农68/G04-18）	浙江可得丰种业有限公司
	嘉早丰18（续）	（嘉育253/舟优978//中组4号/1732）/ZD85（K305//浙农68/G04-18）	浙江可得丰种业有限公司
	中组126	中早25/浙1351	杭州种业集团有限公司、中国水稻研究所
	中组100	中早25/浙1345	龙游县五谷香种业有限公司、中国水稻研究所
	中组58	中组7号/G13-146	中国水稻研究所
	嘉创64	G08-107RT/G08-88	嘉兴市农业科学研究院
	中两优157*	中18S×ZT-157	中国水稻研究所
	陵两优831*	湘陵628S×金08-31	金华市农业科学研究院、湖南亚华种业科学研究院、金华三才种业公司
	温科早1号	中组7号/中早39	浙江科诚种业股份有限公司、温州市农业科学院
	台早1640	中早39/浙农72	台州市农业科学研究院
	中早39（CK）	嘉育253/中组3号	浙江省种子管理总站
生产试验	嘉早丰5号	（G03-187//Z209/r201///Z7352）/（嘉育253/舟优978//中组4号/1732///浙农68/G04-18）	浙江可得丰种业有限公司
	嘉早丰18	（嘉育253/舟优978//中组4号/1732）/ZD85（K305//浙农68/G04-18）	浙江可得丰种业有限公司
	中早39（CK）	嘉育253/中组3号	浙江省种子管理总站

注：*为杂交品种。

表2 2018年浙江省早籼稻（B组）区域试验和生产试验参试品种和申请（供种）单位表

试验类别	品种名称	亲本	申请（供种）单位
区域试验	舜达95（续）	中早39/中嘉早17	绍兴市舜达种业有限公司、中国水稻研究所
	浙1613（续）	G09-38/W10-58	杭州种业集团有限公司、浙江省农业科学院作物与核技术利用研究所
	舜达135（续）	中组3号/中嘉早17	绍兴市舜达种业有限公司、中国水稻研究所
	甬籼634	中早39/甬籼975	浙江龙游县五谷香种业有限公司、宁波市农业科学研究院
	浙1730	浙农82/NZ10-28	浙江省农业科学院作物与核技术利用研究所
	浙1702	浙农82/G09-38	绍兴市舜达种业有限公司、浙江省农业科学院作物与核技术利用研究所
	浙1708	温814////02YK10/ZC3//嘉兴06-6///温922	杭州种业集团有限公司、浙江省农业科学院作物与核技术利用研究所

（续表）

试验类别	品种名称	亲本	申请（供种）单位
区域试验	中组 18	中早 25/浙农 131	浙江勿忘农种业股份有限公司、中国水稻研究所
	中组 33	中早 25/浙农 139	中国水稻研究所
	中组 152	中早 25/甬籼 318	龙游县五谷香种业有限公司、中国水稻研究所
	甬籼 641	甬籼 15/Z10-108	宁波市农业科学研究院
	中早 39（CK）	嘉育 253/中组 3 号	浙江省种子管理总站
生产试验	舜达 95	中早 39/中嘉早 17	绍兴市舜达种业有限公司、中国水稻研究所
	浙 1613	G09-38/W10-58	杭州种业集团有限公司、浙江省农业科学院作物与核技术利用研究所
	舜达 135	中组 3 号/中嘉早 17	绍兴市舜达种业有限公司、中国水稻研究所
	中早 39（CK）	嘉育 253/中组 3 号	浙江省种子管理总站

表3 2017—2018 年浙江省早籼稻（A组）区域试验和生产试验参试品种产量表

试验类别	品种名称	2018 年					2017 年		两年平均	
		小区产量/千克	亩产/千克	亩产与对照比较/%	差异显著性		亩产/千克	亩产与对照比较/%	亩产/千克	亩产与对照比较/%
					0.05	0.01				
区域试验	嘉创 64	11.877	593.9	6.3	a	A	/	/	/	/
	中组 53（续）	11.864	593.2	6.2	a	A	571.7	3.3	582.5	4.8
	中两优 157	11.654	582.7	4.3	ab	A	/	/	/	/
	嘉早丰 18（续）	11.567	578.4	3.6	ab	AB	575.1	2.9	576.8	3.8
	中组 100	11.542	577.1	3.3	ab	AB	/	/	/	/
	陵两优 831	11.532	576.6	3.2	ab	AB	/	/	/	/
	中组 126	11.256	562.8	0.8	bc	AB	/	/	/	/
	嘉早丰 5 号（续）	11.170	558.5	0.0	bc	AB	586.2	4.9	572.4	3.0
	中早 39（CK）	11.169	558.4	0.0	bc	AB	553.4	0.0	555.9	0.0
	台早 1640	11.118	555.9	-0.5	bc	AB	/	/	/	/
	中组 58	10.875	543.8	-2.6	c	B	/	/	/	/
	温科早 1 号	9.903	495.1	-11.3	d	C	/	/	/	/
生产试验	嘉早丰 5 号	/	543.0	2.3	/	/	/	/	/	/
	嘉早丰 18	/	578.2	9.0	/	/	/	/	/	/
	中早 39（CK）	/	530.7	0.0	/	/	/	/	/	/

表4　2017—2018年浙江省早籼稻（B组）区域试验和生产试验参试品种产量表

试验类别	品种名称	2018年					2017年		两年平均	
		小区产量/千克	亩产/千克	亩产与对照比较/%	差异显著性		亩产/千克	亩产与对照比较/%	亩产/千克	亩产与对照比较/%
					0.05	0.01				
区域试验	中组152	12.180	609.0	9.8	a	A	/	/	/	/
	甬籼634	11.968	598.4	7.9	ab	AB	/	/	/	/
	舜达135（续）	11.577	578.8	4.4	abc	ABC	556.1	−0.5	567.5	1.9
	舜达95（续）	11.558	577.9	4.2	abcd	ABC	590.8	5.7	584.4	5.0
	中组33	11.264	563.2	1.6	bcde	ABC	/	/	/	/
	中组18	11.208	560.4	1.1	cde	BC	/	/	/	/
	浙1613（续）	11.121	556.1	0.3	cde	BC	544.6	−2.5	550.4	−1.1
	中早39（CK）	11.090	554.5	0.0	cde	BC	558.7	0.0	556.6	0.0
	浙1708	10.861	543.1	−2.1	de	C	/	/	/	/
	浙1702	10.840	542.0	−2.3	e	C	/	/	/	/
	浙1730	10.668	533.4	−3.8	e	C	/	/	/	/
	甬籼641	10.650	532.5	−4.0	e	C	/	/	/	/
生产试验	舜达95	/	558.7	3.2	/	/	/	/	/	/
	浙1613	报废	报废	/	/	/	/	/	/	/
	舜达135	/	543.9	0.5	/	/	/	/	/	/
	中早39（CK）	/	541.4	0.0	/	/	/	/	/	/

注：选育和申报的第一单位均为省内种业公司的续试品种可与生产试验同步进行。

表5　2017—2018年浙江省早籼稻区域试验参试品种经济性状表

组别	品种名称	年份	全生育期/天	全生育期与对照比较/天	落田苗数/（万株/亩）	有效穗数/（万穗/亩）	株高/厘米	总粒数/（粒/穗）	实粒数/（粒/穗）	结实率/%	千粒重/克
A组	中组53（续）	2018	108.5	−0.9	8.5	19.5	90.4	131.4	122.4	93.2	28.1
		2017	111.3	−0.1	7.5	17.4	92.9	143.0	122.7	85.8	26.9
		平均	109.9	−0.5	8.0	18.5	91.6	137.2	122.5	89.3	27.5
	嘉早丰5号（续）	2018	108.5	−0.9	8.3	20.5	85.4	128.7	116.3	90.4	26.7
		2017	110.9	−0.5	7.8	19.9	86.8	128.7	109.2	84.8	25.0
		平均	109.7	−0.7	8.1	20.2	86.1	128.7	112.7	87.6	25.9
	嘉早丰18（续）	2018	110.4	1.0	8.1	18.6	86.2	149.2	125.8	84.3	26.6
		2017	112.3	0.9	7.6	18.2	82.8	146.7	119.7	81.6	25.4
		平均	111.3	0.9	7.9	18.4	84.5	147.9	122.8	83.0	26.0
	中组126	2018	108.9	−0.5	8.4	22.8	81.4	105.8	93.2	88.1	27.1

（续表）

组别	品种名称	年份	全生育期/天	全生育期与对照比较/天	落田苗数/（万株/亩）	有效穗数/（万穗/亩）	株高/厘米	总粒数/（粒/穗）	实粒数/（粒/穗）	结实率/%	千粒重/克
A组	中组 100	2018	108.1	-1.3	8.4	21.4	86.3	119.6	105.4	88.1	27.6
	中组 58	2018	108.3	-1.2	8.8	19.9	86.7	133.2	113.5	85.2	27.0
	嘉创 64	2018	109.8	0.3	9.0	20.3	88.7	142.8	116.3	81.4	28.5
	中两优 157	2018	109.5	0.1	6.7	23.7	78.7	121.5	103.0	84.8	25.4
	陵两优 831	2018	110.3	0.8	6.5	21.0	85.4	129.2	108.7	84.1	26.9
	温科早 1 号	2018	108.9	-0.5	8.9	21.3	81.3	115.8	98.2	84.8	27.5
	台早 1640	2018	108.9	-0.5	8.8	19.2	91.7	117.6	107.1	91.1	28.0
	中早 39（CK）	2017	111.4	0.0	7.0	17.0	89.4	142.1	122.4	86.1	25.8
		2018	109.4	0.0	8.2	20.6	87.1	124.9	112.1	89.8	27.0
		平均	110.4	0.0	7.6	18.8	88.2	133.5	117.3	87.9	26.4
B组	舜达 95（续）	2018	107.0	-2.0	8.6	21.2	90.1	129.1	114.6	88.8	25.7
		2017	110.0	-1.0	8.1	18.7	91.6	147.1	120.3	81.8	24.1
		平均	108.5	-1.5	8.4	20.0	90.9	138.1	117.5	85.1	24.9
	浙 1613（续）	2018	106.0	-3.0	8.7	20.1	87.1	123.9	108.9	87.9	26.8
		2017	109.0	-2.0	7.9	17.8	90.6	143.4	118.3	82.5	25.8
		平均	107.5	-2.5	8.3	19.0	88.9	133.7	113.6	85.0	26.3
	舜达 135（续）	2018	107.0	-2.0	8.6	20.3	82.8	128.7	112.7	87.6	26.8
		2017	110.0	-1.0	7.9	18.5	86.5	145.7	114.7	78.7	25.9
		平均	108.5	-1.5	8.2	19.4	84.7	137.2	113.7	82.9	26.4
	甬籼 634	2018	106.0	-3.0	8.4	20.4	88.3	119.8	103.3	86.2	31.3
	浙 1730	2018	106.0	-3.0	8.9	22.0	82.2	122.1	110.0	90.1	25.3
	浙 1702	2018	106.0	-3.0	8.3	21.3	84.3	116.7	106.8	91.5	26.3
	浙 1708	2018	107.0	-2.0	8.8	21.6	84.5	116.0	101.8	87.8	24.9
	中组 18	2018	106.0	-3.0	8.3	22.5	84.4	101.6	92.0	90.6	27.0
	中组 33	2018	108.0	-1.0	8.0	22.1	85.2	116.8	103.1	88.3	26.2
	中组 152	2018	106.0	-3.0	8.8	22.6	85.6	115.2	100.7	87.4	28.4
	甬籼 641	2018	106.0	-3.0	8.9	22.9	79.6	114.8	104.4	90.9	24.8
	中早 39（CK）	2018	109.0	0.0	8.1	19.9	90.2	132.2	116.3	88.0	26.8
		2017	111.0	0.0	7.2	17.4	86.8	139.4	120.1	86.2	26.0
		平均	110.0	0.0	7.7	18.6	88.5	135.8	118.2	87.0	26.4

表 6 2017—2018 年浙江省早籼稻区域试验参试品种主要病虫害抗性表

| 组别 | 品种名称 | 年份 | 稻瘟病 | | | | | | | | 白叶枯病 | | |
| | | | 叶瘟 | | 穗瘟发病率 | | 穗瘟损失率 | | 综合指数 | 品种评价 | 平均级 | 最高级 | 品种评价 |
			平均级	最高级	平均级	最高级	平均级	最高级					
A组	中组 53（续）	2018	1.8	3	7	/	1	/	3	中抗	8.3	9	高感
		2017	4.3	7	7	/	5	/	6	中感	8.1	9	高感
		平均	3.1	5	7	/	3	/	4.5	中感	8.2	9	高感
	嘉早丰 5 号（续）	2018	2.6	4	7	/	3	/	4.3	中感	5.7	7	感
		2017	1.0	2	7	/	1	/	2.8	中抗	5.6	7	感
		平均	1.8	3	7	/	2	/	3.6	中感	5.7	7	感
	嘉早丰 18（续）	2018	1.7	3	5	/	1	/	2.5	中抗	4.7	5	中感
		2017	1.8	4	7	/	3	/	4.3	中感	5.0	5	中感
		平均	1.8	4	6	/	2	/	3.4	中感	4.9	5	中感
	中组 126	2018	0.8	1	1	/	1	/	1.0	抗	8.4	9	高感
	中组 100	2018	3.3	5	9	/	3	/	5.0	中感	7.7	9	高感
	中组 58	2018	1.3	2	3	/	1	/	1.8	抗	5.0	5	中感
	嘉创 64	2018	0.5	1	1	/	1	/	1.0	抗	8.5	9	高感
	中两优 157	2018	2.3	3	5	/	3	/	3.5	中抗	7.0	7	感
	陵两优 831	2018	3.4	5	7	/	5	/	5.5	中感	6.4	7	感
	温科早 1 号	2018	1.7	3	5	/	1	/	2.5	中抗	8.3	9	高感
	台早 1640	2018	1.5	2	3	/	1	/	1.8	抗	8.2	9	高感
	中早 39(CK)	2018	2.0	3	7	/	1	/	3.0	中抗	5.9	7	感
		2017	1.7	2	5	/	1	/	2.3	中抗	5.9	7	感
		平均	1.9	3	6	/	1	/	2.7	中抗	5.9	7	感
B组	舜达 95（续）	2018	2.3	3	5	/	1	/	2.5	中抗	8.4	9	高感
		2017	1.7	2	5	/	3	/	3.3	中抗	7.0	7	感
		平均	2.0	3	5	/	2	/	2.9	中抗	7.7	8	高感
	浙 1613（续）	2018	0.7	1	1	/	1	/	1.0	抗	8.7	9	高感
		2017	1.5	2	5	/	3	/	3.3	中抗	7.9	9	高感
		平均	1.1	2	3	/	2	/	2.2	中抗	8.3	9	高感
	舜达 135（续）	2018	0.8	1	1	/	1	/	1.0	抗	8.7	9	高感
		2017	0.3	2	5	/	1	/	2.3	中抗	8.8	9	高感
		平均	0.6	2	3	/	1	/	1.7	中抗	8.8	9	高感

（续表）

组别	品种名称	年份	稻瘟病						综合指数	品种评价	白叶枯病		
			叶瘟		穗瘟发病率		穗瘟损失率				平均级	最高级	品种评价
			平均级	最高级	平均级	最高级	平均级	最高级					
B组	甬籼 634	2018	1.5	2	3	/	1	/	1.8	抗	6.4	7	感
	浙 1730	2018	2.5	3	5	/	1	/	2.5	中抗	8.5	9	高感
	浙 1702	2018	1.8	2	5	/	1	/	2.3	中抗	8.8	9	高感
	浙 1708	2018	1.8	3	7	/	3	/	4.0	中抗	5.0	5	中感
	中组 18	2018	4.0	6	7	/	5	/	5.8	中感	7.7	9	高感
	中组 33	2018	4.3	6	7	/	5	/	5.8	中感	5.0	5	中感
	中组 152	2018	5.0	6	9	/	5	/	6.3	感	7.9	9	高感
	甬籼 641	2018	0.8	1	3	/	1	/	1.5	抗	8.5	9	高感
	中早 39（CK）	2018	2.0	3	7	/	1	/	3.0	中抗	5.9	7	感
		2017	0.7	1	5	/	1	/	2.0	抗	6.1	7	感
		平均	1.4	2	6	/	1	/	2.5	中抗	6.0	7	感

注：抗性评价按照《鉴定与评价》进行，本省以"苗叶瘟最高病级×25% +穗瘟发病率平均病级×25%+穗瘟损失率平均病级×50%"获得的抗性综合指数作为依据，划分抗性等级。 早籼稻田间穗瘟抗性鉴定试验感病对照品种穗瘟病级未达 7 级，田间试验无效。该年度早籼稻穗瘟抗性鉴定为人工喷雾接种鉴定结果。

表 7 2017—2018 年浙江省早籼早熟稻区域试验参试品种米质表

组别	品种名称	年份	糙米率/%	精米率/%	整精米率/%	粒长/毫米	长宽比	垩白粒率/%	垩白度/%	透明度/级	碱消值/级	胶稠度/毫米	直链淀粉含量/%	蛋白质含量/%	等级
A组	中组53（续）	2018	80.5	71.2	61.3	5.6	2.0	91	16.7	3	5.1	58	24.9	8.6	普通
		2017	80.8	72.4	64.3	5.3	1.9	92	20.1	3	5.0	54	24.1	12.6	普通
		平均	80.7	71.8	62.8	5.5	2.0	92	18.4	3	5.1	56	24.5	10.6	普通
	嘉早丰5号（续）	2018	79.6	72.6	53.0	6.0	2.4	51	6.6	3	5.9	69	16.0	8.6	普通
		2017	81.4	72.7	62.5	6.0	2.5	38	3.2	3	6.3	72	13.6	11.5	普通
		平均	80.5	72.7	57.8	6.0	2.5	45	4.9	3	6.1	71	14.8	10.1	普通
	嘉早丰18（续）	2018	80.1	72.1	51.0	5.9	2.4	33	4.9	3	5.9	66	15.9	8.4	普通
		2017	81.2	72.2	64.6	5.8	2.4	19	1.5	3	6.4	74	13.7	12.6	普通
		平均	80.7	72.2	57.8	5.9	2.4	26	3.2	3	6.2	70	14.8	10.5	普通
	中组126	2018	81.2	72.7	60.9	5.9	2.3	79	12.5	3	5.2	74	24.7	8.4	普通
	中组100	2018	81.7	73.4	63.1	6.0	2.4	89	16.6	3	5.0	58	24.9	8.7	普通
	中组58	2018	81.9	70.9	55.6	6.3	2.5	65	11.0	3	5.7	70	24.9	7.6	普通
	嘉创64	2018	80.6	71.2	53.0	6.1	2.3	85	15.4	3	5.2	80	25.3	8.4	普通
	中两优157	2018	80.7	71.5	50.5	6.8	3.1	29	3.9	2	4.9	64	15.6	8.5	普通
	陵两优831	2018	79.9	70.5	48.0	5.9	2.3	69	11.3	3	5.2	60	20.1	8.2	普通
	温科早1号	2018	80.4	68.8	51.8	5.6	2.0	90	16.4	4	5.0	78	25.7	8.8	普通
	台早1640	2018	81.1	73.4	64.5	5.6	2.0	87	17.7	4	5.2	50	24.9	8.4	普通
	中早39（CK）	2018	80.7	72.0	64.7	5.4	1.9	88	15.4	4	5.0	51	25.2	8.9	普通
		2017	81.3	71.9	61.2	5.3	2.0	90	15	3	5.2	54	25.1	12.5	普通
		平均	81.3	71.9	61.2	5.3	2.0	90	15	3.5	5.2	54	25.1	12.5	普通

（续表）

组别	品种名称	年份	糙米率/%	精米率/%	整精米率/%	粒长/毫米	长宽比	垩白粒率/%	垩白度/%	透明度/级	碱消值/级	胶稠度/毫米	直链淀粉含量/%	蛋白质含量/%	等级
	舜达95（续）	2018	81.3	72.8	65.7	5.4	2.0	75	13.5	4	5.0	76	25.8	8.6	普通
		2017	82.0	73.7	63.6	5.6	2.1	75	11.8	4	5.7	50	24.9	13.1	普通
		平均	81.65	73.3	64.7	5.5	2.1	75	12.7	4	5.4	63	25.4	10.9	普通
	浙1613（续）	2018	80.3	73.4	68.0	5.5	2.0	89	19.3	4	5.6	68	25.4	9.5	普通
		2017	81.2	73.9	66.5	5.3	2.0	90	17.9	4	5.3	64	24.8	13.0	普通
		平均	80.8	73.7	67.3	5.4	2.0	90	18.6	4	5.5	66	25.1	11.0	普通
	舜达135（续）	2018	81.2	73.3	66.3	5.6	2.0	88	17.1	4	5.5	44	24.9	9.3	普通
		2017	82.0	73.7	63.6	5.6	2.1	75	11.8	4	5.7	50	24.9	13.1	普通
		平均	81.6	73.5	65.0	5.6	2.1	82	14.5	4	5.6	47	24.9	11.2	普通
B组	甬籼634	2018	82.3	72.5	23.9	6.9	2.6	83	20.7	2	5.7	84	26.1	8.5	普通
	浙1730	2018	79.8	72.2	66.1	5.4	2.1	88	16.9	4	5.8	44	23.2	9.6	普通
	浙1702	2018	80.7	72.4	62.3	5.5	2.0	82	18.3	4	5.0	50	22.0	9.6	普通
	浙1708	2018	80.2	71.8	53.8	5.5	2.2	糯	糯	糯	4.6	81	5.0	9.2	普通
	中组18	2018	81.0	73.5	61.6	5.7	2.2	83	15.7	4	5.2	71	25.3	8.4	普通
	中组33	2018	81.9	72.3	60.2	5.7	2.3	69	12.3	4	5.2	72	25.2	8.5	普通
	中组152	2018	81.6	72.4	52.7	6.0	2.2	76	17.4	4	5.7	73	25.7	8.7	普通
	甬籼641	2018	80.2	72.1	58.7	5.9	2.4	22	2.8	3	6.6	75	13.4	9.2	普通
	中早39（CK）	2018	80.2	72.4	66.5	5.4	1.9	90	16.0	4	5.0	50	24.2	9.1	普通
		2017	81.2	72.6	63.1	5.4	2.0	94	15.1	4	5.6	56	24.5	12.3	普通

注：2015年始品质评价采用新标准（NY/T593-2013）。

表8 2017—2018年浙江省早籼稻区域试验和生产试验参试品种各试点产量表

| 试验类别 | 品种名称 | 年份 | 各试点亩产/千克 | | | | | | | | | | 平均亩产/千克 | 增减产/% | 增产点率/% |
			苍南	江山	衢州	嵊州良	台州	温原种	余姚	诸国家	金华	婺城			
	中组53（续）	2018	500.8	667.0	564.2	536.2	583.2	575.0	659.5	660.2	报废	报废	593.3	6.2	87.0
		2017	报废	535.8	564.0	573.7	报废	556.7	560.8	668.8	542.0	报废	571.7	3.3	85.0
		平均	—	—	—	—	—	—	—	—	—	—	582.5	4.8	86.0
	嘉早丰5号（续）	2018	512.5	614.5	529.0	548.3	529.4	511.7	593.2	628.5	报废	报废	558.4	0.0	62.0
		2017	报废	592.7	578.2	616.8	报废	506.7	611.7	644.8	552.7	报废	586.2	4.9	71.0
		平均	—	—	—	—	—	—	—	—	—	—	572.3	2.5	66.5
	嘉早丰18（续）	2018	525.6	639.7	537.5	535.2	543.0	546.7	652.2	647.3	报废	报废	578.4	3.6	87.0
		2017	报废	587.3	498.8	563.5	报废	541.7	617.3	653.8	563.3	报废	575.1	2.9	71.0
		平均	—	—	—	—	—	—	—	—	—	—	576.7	3.3	79.0
区域试验A组	中组126	2018	498.6	607.7	555.0	542.1	550.2	518.3	627.7	602.7	报废	报废	562.8	0.8	62.0
	中组100	2018	480.9	613.7	555.8	591.8	557.8	515.0	650.7	651.2	报废	报废	577.1	3.3	87.0
	中组58	2018	521.8	629.8	485.2	526.5	487.4	465.0	596.8	638.8	报废	报废	543.9	-2.6	37.0
	嘉创64	2018	485.0	665.2	606.7	567.6	590.6	531.7	638.7	665.5	报废	报废	593.9	6.3	87.0
	中两优157	2018	494.0	663.2	569.2	544.8	540.6	551.7	678.2	620.2	报废	报废	582.7	4.3	75.0
	陵两优831	2018	514.2	654.0	550.8	526.7	512.6	561.7	600.0	692.7	报废	报废	576.6	3.3	75.0
	温科早1号	2018	470.8	552.3	354.2	429.7	558.3	425.0	568.0	603.0	报废	报废	495.2	-11.3	12.0
	台早1640	2018	488.8	605.5	574.2	511.8	524.4	526.7	651.2	564.7	报废	报废	555.9	-0.5	62.0
	中早39（CK）	2018	503.8	589.8	538.3	524.0	523.3	511.7	636.3	640.2	报废	报废	558.4	—	—
		2017	报废	502.3	532.3	550.7	报废	545.0	586.7	632.8	523.7	—	553.4	—	—
		平均	—	—	—	—	—	—	—	—	—	—	555.9	—	—

（续表）

试验类别	品种名称	年份	各试点亩产/千克										平均亩产/千克	增减产/%	增产点率/%
			苍南	江山	衢州	嵊州良	台州	温原种	余姚	诸国家	金华	婺城			
	舜达95（续）	2018	499.2	598.3	633.3	479.8	565.6	540.0	604.5	702.3	报废	报废	577.9	4.2	62.0
		2017	报废	575.0	569.8	573.8	报废	555.0	608.5	650.7	602.7	报废	590.8	5.7	100.0
		平均	—	—	—	—	—	—	—	—	—	—	584.3	5.0	81.0
	浙1613（续）	2018	499.2	555.0	570.0	501.0	534.8	540.0	646.5	602.2	报废	报废	556.1	0.3	50.0
		2017	报废	576.7	540.3	542.7	报废	521.7	608.3	451.0	571.3	报废	544.6	-2.5	71.0
		平均	—	—	—	—	—	—	—	—	—	—	550.3	-1.1	60.5
	舜达135（续）	2018	487.5	635.8	495.8	576.5	550.4	540.0	697.5	647.0	报废	报废	578.8	4.4	75.0
		2017	报废	546.0	474.3	559.0	报废	511.7	606.7	647.2	548.0	报废	556.1	-0.5	57.0
		平均	—	—	—	—	—	—	—	—	—	—	567.5	2.0	66.0
区域试验B组	甬籼634	2018	479.2	643.0	661.7	536.2	560.0	513.3	700.5	693.5	报废	报废	598.4	7.9	87.0
	浙1730	2018	425.3	602.0	532.5	546.2	513.7	525.0	586.0	536.2	报废	报废	533.4	-3.8	37.0
	浙1702	2018	426.5	634.5	457.5	528.4	510.0	538.3	603.7	637.2	报废	报废	542.0	-2.2	50.0
	浙1708	2018	439.5	630.0	499.2	533.3	501.7	511.7	640.3	588.8	报废	报废	543.1	-2.1	50.0
	中组18	2018	466.2	604.2	566.7	571.8	536.1	553.3	614.0	570.8	报废	报废	560.4	1.1	62.0
	中组33	2018	457.8	624.7	558.3	579.4	564.3	526.7	550.3	644.2	报废	报废	563.2	1.6	75.0
	中组152	2018	503.0	651.5	590.8	558.1	583.9	541.7	690.8	752.3	报废	报废	609.0	9.8	87.0
	甬籼641	2018	452.3	552.0	484.2	542.9	513.2	526.7	630.8	558.2	报废	报废	532.5	-4.0	37.0
	中早39（CK）	2018	503.3	586.7	541.7	512.1	526.9	510.0	620.7	634.5	报废	报废	554.5	—	—
		2017	报废	508.0	530.7	532.3	报废	553.3	597.0	632.3	557.0	报废	558.7	—	—
		平均	—	—	—	—	—	—	—	—	—	—	556.6	—	—

试验类别	品种名称	年份	各试点亩产/千克										平均亩产/千克	增减产/%	增产点率/%
			苍南	江山	衢州	嵊州良	台州	温原种	余姚	诸国家	金华	婺城			
生产试验A组	嘉早丰5号	2018	509.4	573.0	482.0	503.4	521.7	510.0	624.6	554.6	607.9	报废	543.0	2.3	/
	嘉早丰18	2018	507.3	613.6	491.0	569.3	522.1	558.0	674.9	608.0	659.9	报废	578.2	9.0	/
	中早39（CK）	2018	482.5	553.8	452.9	491.2	517.9	502.0	652.4	519.8	603.6	报废	530.7	/	/
	舜达95	2018	581.5	586.2	498.2	449.2	547.1	526.0	623.8	590.1	626.6	报废	558.7	3.2	/
生产试验B组	浙1613	2018	报废	报废	报废	报废	报废	报废	报废	报废	报废	报废	报废	/	/
	舜达135	2018	535.8	576.6	487.0	556.9	539.5	466.0	624.0	551.9	557.9	报废	543.9	0.5	/
	中早39（CK）	2018	568.9	552.2	452.9	502.2	517.9	518.0	611.8	545.1	603.6	报废	541.4		/

（刘鑫整理汇总）

2018年浙江省单季常规晚粳稻区域试验和生产试验总结

浙江省种子管理总站

一、试验概况

2018年浙江省单季常规晚粳区域试验分两组（A1、A2），参试品种21个（不包括对照，下同），其中，20个新参试品种，1个续试品种；生产试验品种2个。区域试验采用随机区组排列，小区面积0.02亩，重复三次。生产试验采用大区对比法，不设重复。试验四周设保护行，同组所有试验品种同期播种和移栽，其他田间管理与当地大田生产一致，试验田及时防治病虫害，试验观察记载按照《浙江省水稻区域试验和生产试验技术操作规程（试行）》执行。

本区域试验和生产试验分别由湖州市农业科学研究院、杭州临安区种子种苗管理站、嘉兴市农业科学研究院、浙江省农业科学院作物与核技术利用研究所、嘉善县种子管理站、宁波市农业科学研究院、诸暨国家级区域试验站、嵊州市农业科学研究所、浙江勿忘农种业股份有限公司和舟山市农林科学研究院10个单位承担。稻瘟病、稻曲病抗性鉴定委托浙江省农业科学院植物保护与微生物研究所（牵头）、温州市农业科学院、丽水市农业科学研究院、浙江大学农业试验站（长兴分站）、绍兴市农业科学研究院承担；白叶枯病抗性鉴定委托浙江省农业科学院植物保护与微生物研究所承担；褐飞虱抗性鉴定委托中国水稻研究所稻作中心承担；稻米品质测定委托农业部稻米及制品质量监督检验测试中心（杭州）承担；转基因检测委托农业部转基因植物环境安全鉴定检验测试中心（杭州）承担；DNA指纹检测委托农业部植物新品种测试中心（杭州）承担。

二、试验结果

1. 产量：据各试点的产量结果汇总，A1组比对照秀水134增产的品种有8个，其中，增幅最大的为春江165，增产13.0%；比对照秀水134减产的有3个品种，其中，中粳16减产幅度最大，减产4.4%。A2组比对照秀水134增产的品种有6个，其中，增幅最大的为丙16-127，增产9.3%；比对照秀水134减产的有4个品种，其中，嘉16-48减产幅度最大，减产6.2%。生产试验2个品种均比对照秀水134增产。

2. 生育期：A1组参试品种生育期变幅为155～163天；嘉禾268生育期最短，比对照秀水134短5天；甬粳581生育期最长，比对照秀水134长3天。A2组参试品种生育期变幅为155～163天；嘉糯1号生育期最短，比对照秀水134短5天；宁21生育期最长，比对照秀水134长3天。

3. 抗性：A1组参试品种中，有2个品种表现为抗稻瘟病，4个品种对白叶枯病表现为中抗，所有品种均高感褐飞虱。A2组参试品种中，有1个品种表现为抗稻瘟病，4个品种对白叶枯病表现为中抗，所有品种均高感褐飞虱。

4. 品质：A1 组参试品种中，有 2 个品种米质检测为部颁二等，6 个品种为三等。A2 组参试品种中，有 5 个品种米质检测为部颁三等。

三、品种简评

（一）A1 组区域试验

1. 春江 151：系中国水稻研究所、浙江勿忘农种业股份有限公司联合选育，该品种第二年参试。2018 年试验平均亩产 598.5 千克，比对照秀水 134 增产 2.3%，未达显著水平，增产点率 80.0%；2017 年试验平均亩产 570.9 千克，比对照秀水 134 增产 5.6%，达极显著水平；两年区域试验平均亩产 584.7 千克，比对照秀水 134 增产 3.9%。两年平均全生育期 160 天，比对照秀水 134 短 1 天。该品种两年平均亩有效穗数 17.9 万穗，株高 97.3 厘米，每穗总粒数 143.3 粒，每穗实粒数 131.0 粒，结实率 91.3%，≤70% 点数 0 个，千粒重 26.9 克。经浙江省农业科学院植物保护与微生物研究所 2017—2018 年抗性鉴定（此处按两年较差数据计），苗叶瘟平均 7.2 级，穗瘟发病率平均 5.0 级，穗瘟损失率平均 3.0 级，综合指数 4.8，为中感；白叶枯病 3.5 级，为中感；褐飞虱 9 级，为高感。经农业农村部稻米及制品质量监督检测测试中心 2017—2018 年检测，两年平均整精米率 69.8%，长宽比 2.2，垩白粒率 7%，垩白度 1.0%，透明度 1 级，胶稠度 63 毫米，直链淀粉含量 14.7%，米质各项指标综合评价两年均为食用稻品种品质部颁三等。该品种符合审定标准，下一年度进入生产试验。

2. 嘉禾 268：系金华市可得丰农业科学研究所、嘉兴市农业科学研究院联合选育，该品种第一年参试。2018 年试验平均亩产 607.7 千克，比对照秀水 134 增产 3.9%，达显著水平，增产点率 90.0%。全生育期 155 天，比对照秀水 134 短 5 天。该品种亩有效穗数 18.5 万穗，株高 99.8 厘米，每穗总粒数 149.1 粒，每穗实粒数 137.3 粒，结实率 92.4%，≤70% 点数 0 个，千粒重 24.7 克。经浙江省农业科学院植物保护与微生物研究所 2018 年抗性鉴定，苗叶瘟平均 0.7 级，穗瘟发病率平均 7.0 级，穗瘟损失率平均 3.0 级，综合指数 3.5，为中抗；白叶枯病 3.4 级，为中感；褐飞虱 9 级，为高感。经农业农村部稻米及制品质量监督检测测试中心 2018 年检测，平均整精米率 59.2%，长宽比 2.7，垩白粒率 14%，垩白度 2.1%，透明度 2 级，胶稠度 64 毫米，直链淀粉含量 16.0%，米质各项指标综合评价为食用稻品种品质部颁普通，食味评价 76 分。该品种符合审定标准，下一年度续试，生产试验同步进行。

3. 甬粳 581：系宁波市农业科学研究院选育，该品种第一年参试。2018 年试验平均亩产 615.3 千克，比对照秀水 134 增产 5.2%，达极显著水平，增产点率 80.0%。全生育期 163 天，比对照秀水 134 长 3 天。该品种亩有效穗数 19.4 万穗，株高 104.9 厘米，每穗总粒数 129.1 粒，每穗实粒数 119.3 粒，结实率 92.3%，≤70% 点数 0 个，千粒重 25.3 克。经浙江省农业科学院植物保护与微生物研究所 2018 年抗性鉴定，苗叶瘟平均 5.3 级，穗瘟发病率平均 5.0 级，穗瘟损失率平均 2.0 级，综合指数 4.0，为中抗；白叶枯病 3.8 级，为中感；褐飞虱 9 级，为高感。经农业农村部稻米及制品质量监督检测测试中心 2018 年检测，平均整精米率 68.9%，长宽比 2.0，垩白粒率 20%，垩白度 1.6%，透明度 1 级，胶稠度 72 毫米，直链淀粉含量 17.3%，米质各项指标综合评价为食用稻品种品质部颁二等，食味评价 76 分。该品种符合审定标准，下一年度续试。

4. ZH15-78：系浙江省农业科学院作物与核技术利用研究所选育，该品种第一年参试。2018 年试验平均亩产 586.8 千克，比对照秀水 134 增产 0.3%，未达显著水平，增产点率 60.0%。全生育期 162 天，比对照秀水 134 长 2 天。该品种亩有效穗数 19.0 万穗，株高 95.2 厘米，每穗总粒数 127.5 粒，每穗实粒数 119.1 粒，结实率 93.5%，≤70%点数 0 个，千粒重 26.6 克。经浙江省农业科学院植物保护与微生物研究所 2018 年抗性鉴定，苗叶瘟平均 1.7 级，穗瘟发病率平均 4.4 级，穗瘟损失率平均 1.0 级，综合指数 2.6，为中抗；白叶枯病 1.8 级，为中抗；褐飞虱 9 级，为高感。经农业农村部稻米及制品质量监督检测测试中心 2018 年检测，平均整精米率 69.6%，长宽比 1.8，垩白粒率 28%，垩白度 2.3%，透明度 1 级，胶稠度 78 毫米，直链淀粉含量 17.3%，米质各项指标综合评价为食用稻品种品质部颁二等，食味评价 75 分。该品种符合审定标准，下一年度续试。

5. 中粳 15：系中国水稻研究所、江苏（武进）水稻研究所联合选育，该品种第一年参试。2018 年试验平均亩产 575.0 千克，比对照秀水 134 减产 1.7%，未达显著水平，增产点率 50.0%。全生育期 157 天，比对照秀水 134 短 3 天。该品种亩有效穗数 18.9 万穗，株高 90.7 厘米，每穗总粒数 122.2 粒，每穗实粒数 113.4 粒，结实率 93.1%，≤70%点数 0 个，千粒重 26.8 克。经浙江省农业科学院植物保护与微生物研究所 2018 年抗性鉴定，苗叶瘟平均 7.3 级，穗瘟发病率平均 9.0 级，穗瘟损失率平均 5.5 级，综合指数 7.0，为高感；白叶枯病 3.4 级，为中感；褐飞虱 9 级，为高感。经农业农村部稻米及制品质量监督检测测试中心 2018 年检测，平均整精米率 69.2%，长宽比 1.9，垩白粒率 31%，垩白度 3.1%，透明度 2 级，胶稠度 74 毫米，直链淀粉含量 18.1%，米质各项指标综合评价为食用稻品种品质部颁三等，食味评价 74 分。该品种产量不符合审定标准，下一年度试验终止。

6. 中粳 2 号：系浙江龙游县五谷香种业有限公司、中国水稻研究所联合选育，该品种第一年参试。2018 年试验平均亩产 566.0 千克，比对照秀水 134 减产 3.2%，未达显著水平，增产点率 30.0%。全生育期 156 天，比对照秀水 134 短 4 天。该品种亩有效穗数 21.6 万穗，株高 105.3 厘米，每穗总粒数 105.3 粒，每穗实粒数 97.4 粒，结实率 92.0%，≤70%点数 0 个，千粒重 27.3 克。经浙江省农业科学院植物保护与微生物研究所 2018 年抗性鉴定，苗叶瘟平均 3.3 级，穗瘟发病率平均 5.0 级，穗瘟损失率平均 2.0 级，综合指数 3.3，为中抗；白叶枯病 3.8 级，为中感；褐飞虱 9 级，为高感。经农业农村部稻米及制品质量监督检测测试中心 2018 年检测，平均整精米率 63.3%，长宽比 2.5，垩白粒率 14%，垩白度 1.0%，透明度 1 级，胶稠度 66 毫米，直链淀粉含量 16.6%，米质各项指标综合评价为食用稻品种品质部颁三等，食味评价 72 分。该品种产量不符合审定标准，下一年度试验终止。

7. 中粳 16：系中国水稻研究所选育，该品种第一年参试。2018 年试验平均亩产 559.1 千克，比对照秀水 134 减产 4.4%，达显著水平，增产点率 30.0%。全生育期 161 天，比对照秀水 134 长 1 天。该品种亩有效穗数 19.6 万穗，株高 98.0 厘米，每穗总粒数 122.4 粒，每穗实粒数 108.5 粒，结实率 88.8%，≤70%点数 0 个，千粒重 25.6 克。经浙江省农业科学院植物保护与微生物研究所 2018 年抗性鉴定，苗叶瘟平均 0.8 级，穗瘟发病率平均 5.0 级，穗瘟损失率平均 1.0 级，综合指数 2.0，为抗；白叶枯病 3.8 级，为中感；褐飞虱 9 级，为高感。经农业农村部稻米及制品质量监督检测测试中心 2018 年检测，平均整精米率 66.3%，长宽比 1.7，碱消值 6.2 级，胶稠度 100 毫米，直链淀粉含量 1.0%，米质各项指标综合评价为食用稻品种品质部颁三等，食味评价 75 分。该品种不符合审定标准，下一年度试验终止。

8. 春江 163：系中国水稻研究所、杭州富阳金土地种业有限公司联合选育，该品种第一年参试。2018 年试验平均亩产 630.4 千克，比对照秀水 134 增产 7.8%，达极显著水平，增产点率 100.0%。全生育期 160 天，与对照秀水 134 相同。该品种亩有效穗数 17.4 万穗，株高 105.3 厘米，每穗总粒数 143.7 粒，每穗实粒数 130.2 粒，结实率 90.9%，≤70%点数 0 个，千粒重 29.0 克。经浙江省农业科学院植物保护与微生物研究所 2018 年抗性鉴定，苗叶瘟平均 0.7 级，穗瘟发病率平均 5.0 级，穗瘟损失率平均 2.0 级，综合指数 2.5，为中抗；白叶枯病 2.5 级，为中抗；褐飞虱 9 级，为高感。经农业农村部稻米及制品质量监督检测测试中心 2018 年检测，平均整精米率 63.3%，长宽比 2.2，垩白粒率 31%，垩白度 3.5%，透明度 2 级，胶稠度 77 毫米，直链淀粉含量 15.8%，米质各项指标综合评价为食用稻品种品质部颁三等，食味评价 67 分。该品种符合审定标准，下一年度续试。

9. 浙辐粳 64：系浙江省农业科学院选育，该品种第一年参试。2018 年试验平均亩产 625.2 千克，比对照秀水 134 增产 6.9%，达极显著水平，增产点率 90.0%。全生育期 160 天，与对照秀水 134 相同。该品种亩有效穗数 20.0 万穗，株高 96.7 厘米，每穗总粒数 128.9 粒，每穗实粒数 118.7 粒，结实率 92.1%，≤70%点数 0 个，千粒重 27.6 克。经浙江省农业科学院植物保护与微生物研究所 2018 年抗性鉴定，苗叶瘟平均 2.7 级，穗瘟发病率平均 6.5 级，穗瘟损失率平均 1.5 级，综合指数 3.4，为中抗；白叶枯病 4.5 级，为中感；褐飞虱 9 级，为高感。经农业农村部稻米及制品质量监督检测测试中心 2018 年检测，平均整精米率 59.4%，长宽比 1.8，垩白粒率 49%，垩白度 6.1%，透明度 2 级，胶稠度 71 毫米，直链淀粉含量 18.0%，米质各项指标综合评价为食用稻品种品质部颁普通，食味评价 73 分。该品种与秀水 123 差异位点为 0，不符合审定标准，下一年度试验终止。

10. HZ16-78：系湖州市农业科学研究院、浙江省农业科学院作物与核技术利用研究所联合选育，该品种第一年参试。2018 年试验平均亩产 607.7 千克，比对照秀水 134 增产 3.9%，达显著水平，增产点率 80.0%。全生育期 161 天，比对照秀水 134 长 1 天。该品种亩有效穗数 20.3 万穗，株高 89.5 厘米，每穗总粒数 132.1 粒，每穗实粒数 121.0 粒，结实率 91.7%，≤70%点数 0 个，千粒重 25.8 克。经浙江省农业科学院植物保护与微生物研究所 2018 年抗性鉴定，苗叶瘟平均 1.7 级，穗瘟发病率平均 4.5 级，穗瘟损失率平均 1.5 级，综合指数 2.4，为中抗；白叶枯病 3.0 级，为中抗；褐飞虱 9 级，为高感。经农业农村部稻米及制品质量监督检测测试中心 2018 年检测，平均整精米率 67.2%，长宽比 1.8，垩白粒率 24%，垩白度 2.1%，透明度 1 级，胶稠度 64 毫米，直链淀粉含量 16.0%，米质各项指标综合评价为食用稻品种品质部颁三等，食味评价 75 分。该品种符合审定标准，下一年度续试。

11. 春江 165：系中国水稻所、浙江国稻高科技种业有限公司联合选育，该品种第一年参试。2018 年试验平均亩产 660.7 千克，比对照秀水 134 增产 13.0%，达极显著水平，增产点率 90.0%。全生育期 160 天，比对照秀水 134 长 0 天。该品种亩有效穗数 19.2 万穗，株高 96.0 厘米，每穗总粒数 153.9 粒，每穗实粒数 137.0 粒，结实率 89.2%，≤70%点数 0 个，千粒重 27.2 克。经浙江省农业科学院植物保护与微生物研究所 2018 年抗性鉴定，苗叶瘟平均 1.7 级，穗瘟发病率平均 6.0 级，穗瘟损失率平均 2.0 级，综合指数 3.0，为中抗；白叶枯病 3.7 级，为中感；褐飞虱 9 级，为高感。经农业农村部稻米及制品质量监督检测测试中心 2018 年检测，平均整精米率 71.2%，长宽比 2.2，垩白粒率 32%，垩白度 3.1%，透明度 2 级，胶稠度 73 毫米，直链淀粉含量 14.2%，米质各项指标综合评价为食用稻品种品质部颁三等，食味评价 69 分。该品种符合审定标准，下一年度续试，生产试验同步进行。

（二）A2 组区域试验

1. ZH16-98：系浙江省农业科学院作物与核技术利用研究所、浙江勿忘农种业股份有限公司联合选育，该品种第一年参试。2018 年试验平均亩产 593.4 千克，比对照秀水 134 增产 0.9%，未达显著水平，增产点率 60.0%。全生育期 158 天，比对照秀水 134 短 2 天。该品种亩有效穗数 20.0 万穗，株高 90.0

厘米，每穗总粒数 128.8 粒，每穗实粒数 119.0 粒，结实率 92.4%，≤70%点数 0 个，千粒重 24.6 克。经浙江省农业科学院植物保护与微生物研究所 2018 年抗性鉴定，苗叶瘟平均 2.7 级，穗瘟发病率平均 4.0 级，穗瘟损失率平均 1.0 级，综合指数 2.3，为中抗；白叶枯病 2.3 级，为中抗；褐飞虱 9 级，为高感。经农业农村部稻米及制品质量监督检测测试中心 2018 年检测，平均整精米率 65.9%，长宽比 1.8，垩白粒率 19%，垩白度 2.8%，透明度 2 级，胶稠度 74 毫米，直链淀粉含量 16.7%，米质各项指标综合评价为食用稻品种品质部颁三等，食味评价 74 分。该品种产量不符合审定标准，下一年度试验终止。

2. 宁 21：系宁波市农业科学研究院选育，该品种第一年参试。2018 年试验平均亩产 577.9 千克，比对照秀水 134 减产 1.8%，未达显著水平，增产点率 30.0%。全生育期 163 天，比对照秀水 134 长 3 天。该品种亩有效穗数 18.6 万穗，株高 95.5 厘米，每穗总粒数 135.9 粒，每穗实粒数 126.3 粒，结实率 92.8%，≤70%点数 0 个，千粒重 25.2 克。经浙江省农业科学院植物保护与微生物研究所 2018 年抗性鉴定，苗叶瘟平均 2.7 级，穗瘟发病率平均 3.0 级，穗瘟损失率平均 1.0 级，综合指数 2.3，为中抗；白叶枯病 2.5 级，为中抗；褐飞虱 9 级，为高感。经农业农村部稻米及制品质量监督检测测试中心 2018 年检测，平均整精米率 66.5%，长宽比 1.8，垩白粒率 11%，垩白度 1.3%，透明度 2 级，胶稠度 62 毫米，直链淀粉含量 16.9%，米质各项指标综合评价为食用稻品种品质部颁三等，食味评价 74 分。该品种产量不符合审定标准，下一年度试验终止。

3. 甬粳 695：系宁波市农业科学研究院选育，该品种第一年参试。2018 年试验平均亩产 582.7 千克，比对照秀水 134 减产 0.9%，未达显著水平，增产点率 40.0%。全生育期 161 天，比对照秀水 134 长 1 天。该品种亩有效穗数 20.0 万穗，株高 96.4 厘米，每穗总粒数 123.1 粒，每穗实粒数 113.5 粒，结实率 92.1%，≤70%点数 0 个，千粒重 26.7 克。经浙江省农业科学院植物保护与微生物研究所 2018 年抗性鉴定，苗叶瘟平均 5.7 级，穗瘟发病率平均 5.0 级，穗瘟损失率平均 2.0 级，综合指数 4.0，为中抗；白叶枯病 3.5 级，为中感；褐飞虱 9 级，为高感。经农业农村部稻米及制品质量监督检测测试中心 2018 年检测，平均整精米率 63.2%，长宽比 1.8，垩白粒率 8%，垩白度 0.9%，透明度 2 级，胶稠度 77 毫米，直链淀粉含量 17.5%，米质各项指标综合评价为食用稻品种品质部颁三等，食味评价 80 分。该品种产量不符合审定标准，下一年度试验终止。

4. 嘉 16-48：系嘉兴市农业科学研究院选育，该品种第一年参试。2018 年试验平均亩产 551.6 千克，比对照秀水 134 减产 6.2%，达极显著水平，增产点率 30.0%。全生育期 162 天，比对照秀水 134 长 2 天。该品种亩有效穗数 19.3 万穗，株高 93.5 厘米，每穗总粒数 120.6 粒，每穗实粒数 113.0 粒，结实率 93.6%，≤70%点数 0 个，千粒重 26.4 克。经浙江省农业科学院植物保护与微生物研究所 2018 年抗性鉴定，苗叶瘟平均 7.7 级，穗瘟发病率平均 6.5 级，穗瘟损失率平均 4.0 级，综合指数 5.6，为中感；白叶枯病 3 级，为中抗；褐飞虱 9 级，为高感。经农业农村部稻米及制品质量监督检测测试中心 2018 年检测，平均整精米率 45.4%，长宽比 1.9，垩白粒率 1%，垩白度 0.2%，透明度 3 级，胶稠度 77 毫米，直链淀粉含量 9.4%，米质各项指标综合评价为食用稻品种品质部颁普通，食味评价 76 分。该品种产量不符合审定标准，下一年度试验终止。

5. 丙 16-127：系嘉兴市农业科学研究院选育，该品种第一年参试。2018 年试验平均亩产 643.0 千克，比对照秀水 134 增产 9.3%，达极显著水平，增产点率 80%。全生育期 161 天，比对照秀水 134 长 1 天。该品种亩有效穗数 19.2 万穗，株高 91.3 厘米，每穗总粒数 134.1 粒，每穗实粒数 122.2 粒，结实率 91.0%，≤70%点数 0 个，千粒重 26.9 克。经浙江省农业科学院植物保护与微生物研究所 2018 年抗性鉴定，苗叶瘟平均 0.3 级，穗瘟发病率平均 4.7 级，穗瘟损失率平均 1.4 级，综合指数 2.1，为抗；白叶枯病 3.8 级，为中感；褐飞虱 9 级，为高感。经农业农村部稻米及制品质量监督检测测试中心 2018 年检测，平均整精米率 65.6%，长宽比 1.8，垩白粒率 27%，垩白度 3.8%，透明度 1 级，胶稠度 74 毫米，直链淀粉含量 15.7%，米质各项指标综合评价为食用稻品种品质部颁三等，食味评价 74 分。该品种符合审定标准，下一年度续试，生产试验同步进行。

6. 虹粳 1758：系杭州种业集团有限公司选育，该品种第一年参试。2018 年试验平均亩产 626.0 千克，比对照秀水 134 增产 6.4%，达极显著水平，增产点率 70.0%。全生育期 159 天，比对照秀水 134 短 1 天。该品种亩有效穗数 17.6 万穗，株高 99.4 厘米，每穗总粒数 131.4 粒，每穗实粒数 118.7 粒，结实率 90.3%，≤70%点数 0 个，千粒重 30.2 克。经浙江省农业科学院植物保护与微生物研究所 2018 年抗性鉴定，苗叶瘟平均 1.7 级，穗瘟发病率平均 7.0 级，穗瘟损失率平均 3.0 级，综合指数 3.8，为中抗；白叶枯病 4.5 级，为中感；褐飞虱 9 级，为高感。经农业农村部稻米及制品质量监督检测测试中心 2018 年检测，平均整精米率 30.4%，长宽比 2.5，垩白粒率 16%，垩白度 2.2%，透明度 2 级，胶稠度 73 毫米，直链淀粉含量 17.4%，米质各项指标综合评价为食用稻品种品质部颁普通，食味评价 76 分。该品种符合审定标准，下一年度续试，生产试验同步进行。

7. 嘉糯 1 号：系五芳斋集团股份有限公司、嘉兴市农业科学研究院联合选育，该品种第一年参试。2018 年试验平均亩产 590.8 千克，比对照秀水 134 增产 0.4%，未达显著水平，增产点率 60.0%。全生育期 155 天，比对照秀水 134 短 5 天。该品种亩有效穗数 16.6 万穗，株高 92.3 厘米，每穗总粒数 155.4 粒，每穗实粒数 140.8 粒，结实率 90.3%，≤70%点数 0 个，千粒重 27.5 克。经浙江省农业科学院植物保护与微生物研究所 2018 年抗性鉴定，苗叶瘟平均 6.3 级，穗瘟发病率平均 8.0 级，穗瘟损失率平均 7.0 级，综合指数 7.3，为感；白叶枯病 3.5 级，为中感；褐飞虱 9 级，为高感。经农业农村部稻米及制品质量监督检测测试中心 2018 年检测，平均整精米率 56.2%，长宽比 1.8，碱消值 6.0 级，胶稠度 100 毫米，直链淀粉含量 2.0%，米质各项指标综合评价为食用稻品种品质部颁普通，食味评价 78 分。该品种抗性不符合审定标准，下一年度试验终止。

8. 嘉禾 247：系嘉兴市绿农种子有限公司选育，该品种第一年参试。2018 年试验平均亩产 634.8 千克，比对照秀水 134 增产 7.9%，达极显著水平，增产点率 80.0%。全生育期 156 天，比对照秀水 134 短 4 天。该品种亩有效穗数 17.9 万穗，株高 92.4 厘米，每穗总粒数 141.8 粒，每穗实粒数 130.6 粒，结实率 92.0%，≤70%点数 0 个，千粒重 29.0 克。经浙江省农业科学院植物保护与微生物研究所 2018 年抗性鉴定，苗叶瘟平均 2.7 级，穗瘟发病率平均 6.4 级，穗瘟损失率平均 3.0 级，综合指数 3.8，为中抗；白叶枯病 4.6 级，为中感；褐飞虱 9 级，为高感。经农业农村部稻米及制品质量监督检测测试中心 2018 年检测，平均整精米率 60.4%，长宽比 1.8，垩白粒率 39%，垩白度 5.5%，透明度 4 级，胶稠度 70 毫米，直链淀粉含量 14.8%，米质各项指标综合评价为食用稻品种品质部颁普通，食味评价 73 分。该品种符合审定标准，下一年度续试，生产试验同步进行。

9. 嘉禾 318：系浙江可得丰种业有限公司选育，该品种第一年参试。2018 年试验平均亩产 641.1 千克，比对照秀水 134 增产 9.0%，达极显著水平，增产点率 90.0%。全生育期 159 天，比对照秀水 134 短 1 天。该品种亩有效穗数 19.7 万穗，株高 101.8 厘米，每穗总粒数 117.5 粒，每穗实粒数 106.5 粒，结实率 90.6%，≤70%点数 0 个，千粒重 30.4 克。经浙江省农业科学院植物保护与微生物研究所 2018 年抗性鉴定，苗叶瘟平均 2.3 级，穗瘟发病率平均 6.5 级，穗瘟损失率平均 3.5 级，综合指数 4.1，为中感；白叶枯病 4.3 级，为中感；褐飞虱 9 级，为高感。经农业农村部稻米及制品质量监督检测测试中心 2018 年检测，平均整精米率 48.8%，长宽比 2.9，垩白粒率 17%，垩白度 3.4%，透明度 2 级，胶稠度 65 毫米，直链淀粉含量 16.6%，米质各项指标综合评价为食用稻品种品质部颁普通，食味评价 79 分。该品种符合审定标准，下一年度续试，生产试验同步进行。

10. 华浙粳 2 号：系浙江勿忘农种业股份有限公司选育，该品种第一年参试。2018 年试验平均亩产 578.0 千克，比对照秀水 134 减产 1.7%，未达显著水平，增产点率 40.0%。全生育期 161 天，比对照秀水 134 长 1 天。该品种亩有效穗数 20.3 万穗，株高 90.3 厘米，每穗总粒数 113.5 粒，每穗实粒数 105.3 粒，结实率 92.8%，≤70%点数 0 个，千粒重 26.4 克。经浙江省农业科学院植物保护与微生物研究所 2018 年抗性鉴定，苗叶瘟平均 2.3 级，穗瘟发病率平均 5.0 级，穗瘟损失率平均 1.5 级，综合指数 3.0，为中抗；白叶枯病 1.5 级，为中抗；褐飞虱 9 级，为高感。经农业农村部稻米及制品质量监督检测测试中心 2018 年检测，平均整精米率 65.4%，长宽比 1.7，垩白粒率 18%，垩白度 3.1%，透明度 2 级，胶稠度 62 毫米，直链淀粉含量 16.1%，米质各项指标综合评价为食用稻品种品质部颁三等，食味评价 76 分。该品种产量不符合审定标准，下一年度试验终止。

（三）生产试验

1. 春江 157：系中国水稻研究所选育。2016 年单季常规晚粳稻区域试验平均亩产 642.4 千克，比对照秀水 134 增产 5.8%，达显著水平；2017 年区域试验平均亩产 562.3 千克，比对照秀水 134 增产 4.0%，达极显著水平；两年区域试验平均亩产 602.4 千克，比对照秀水 134 增产 5.0%。2018 年生产试验平均亩产 618.3 千克，比对照秀水 134 增产 4.2%。经浙江省农业科学院植物保护与微生物研究所 2016—2017 年抗性鉴定，穗瘟损失率最高 3 级，稻瘟病综合指数为 4.5；白叶枯病最高 5 级；褐飞虱最高 9 级。经农业部稻米及制品质量监督检测中心 2016—2017 年检测，平均整精米率 71.4%，长宽比 1.7，垩白粒率 34%，垩白度 4.2%，透明度 1 级，胶稠度 66 毫米，直链淀粉含量 15.5%，米质综合指标两年分别为食用稻品种品质部颁普通和三等。该品种符合审定标准，通过初审，提交审定。

2. 浙粳 49：系浙江省农业科学院作物与核技术利用研究所、湖州市农业科学研究院联合选育。2016 年单季常规晚粳稻区域试验平均亩产 645.8 千克，比对照秀水 134 增产 6.3%，达显著水平；2017 年区域试验平均亩产 555.5 千克，比对照秀水 134 增产 2.8%，达极显著水平；两年区域试验平均亩产 600.7 千克，比对照秀水 134 增产 4.7%。2018 年生产试验平均亩产 622.3 千克，比对照秀水 134 增产 4.9%。经浙江省农业科学院植物保护与微生物研究所 2016—2017 年抗性鉴定，穗瘟损失率最高 5 级，稻瘟病综合指数为 5.0；白叶枯病最高 5 级；褐飞虱最高 9 级。经农业部稻米及制品质量监督检测中心 2016—2017 年检测，平均整精米率 69.5%，长宽比 1.8，垩白粒率 14%，垩白度 1.7%，透明度 1 级，胶稠度 73.5 毫米，直链淀粉含量 15.0%，米质综合指标两年均为食用稻品种品质部颁二等。该品种符合审定标准，通过初审，提交审定。

相关结果见表 1～表 12。

表 1　2018 年浙江省单季常规晚粳稻（A1 组）区域试验和生产试验参试品种和申请（供种）单位表

试验类别	品种名称	类型	亲本	申请（供种）单位
区域试验	春江 151(续)	常规	春江 128/嘉 10-02	中国水稻研究所、浙江勿忘农种业股份有限公司
	嘉禾 268	常规	嘉禾 212/秀水//嘉粳 3686/嘉禾 218	金华市可得丰农业科学研究所、嘉兴市农业科学研究院
	甬粳 581	常规	甬粳 10-6/甬粳 10-10	宁波市农业科学研究院
	ZH15-78	常规	ZH10-9/秀水 09	浙江省农业科学院作物与核技术利用研究所
	中粳 15	常规	H68（秀水 122/武运粳 7 号//武运粳 19 号）/软玉 321 号	中国水稻研究所、江苏（武进）水稻研究所
	中粳 2 号	常规	嘉禾 218/春江 026	浙江龙游县五谷香种业有限公司、中国水稻研究所
	中粳 16	常规	春江 026/ 祥湖 13	中国水稻研究所
	春江 163	常规	春江 119/嘉 58	中国水稻研究所 杭州富阳金土地种业有限公司
	浙辐粳 64	常规	秀水 123//浙粳 41/浙粳 37	浙江省农业科学院
	HZ16-78	常规	丙 10-112/ZH11-29	湖州市农业科学研究院、浙江省农业科学院作物与核技术利用研究所
	春江 165	常规	丙 06－134/R102	中国水稻所、浙江国稻高科技种业有限公司
	秀水 134（CK）	常规	丙 95-59//测 212/RH///丙 03-123	嘉兴市农业科学研究院
生产试验	春江 157	常规	秀水 09/春江糯 6 号	中国水稻研究所
	浙粳 49	常规	HZ10-9/秀水 09//ZH11-29	浙江省农业科学院作物与核技术利用研究所、湖州市农业科学研究院
	秀水 134（CK）	常规	丙 95-59//测 212/RH///丙 03-123	嘉兴市农业科学研究院

表 2　2018 年浙江省单季常规晚粳稻（A2 组）区域试验参试品种和申请（供种）单位表

试验类别	品种名称	类型	亲本	申请（供种）单位
区域试验	ZH16-98	常规	丙 08-07/ZH11-29	浙江省农业科学院作物与核技术利用研究所、浙江勿忘农种业股份有限公司
	宁 21	常规	（秀水 134）/宁 84	宁波市农业科学研究院
	甬粳 695	常规	嘉花 1 号///嘉花 1 号//甬 6/中超 123	宁波市农业科学研究院
	嘉 16-48	常规	GF65/嘉 58	嘉兴市农业科学研究院
	丙 16-127	常规	（秀水 134）/BD121×秀香 2 号/祥湖 13//F72	嘉兴市农业科学研究院
	虹粳 1758	常规	嘉禾 228///嘉禾 218/P4//浙恢 44/R1283	杭州种业集团有限公司

（续表）

试验类别	品种名称	类型	亲本	申请（供种）单位
区域试验	嘉糯1号	常规	嘉58/嘉65	五芳斋集团股份有限公司、嘉兴市农业科学研究院
	嘉禾247	常规	嘉粳5609//秀水123/嘉禾128	嘉兴市绿农种子有限公司
	嘉禾318	常规	嘉禾218/嘉粳3694//嘉粳3684	浙江可得丰种业有限公司
	华浙粳2号	常规	（秀水134）//（秀水134）/苏引102	浙江勿忘农种业股份有限公司
	秀水134（CK）	常规	丙95-59//测212/RH///丙03-123	嘉兴市农业科学研究院

表3 2017—2018年浙江省单季常规晚粳稻（A1组）区域试验和生产试验参试品种产量表

试验类别	品种名称	2018年					2017年			两年平均	
		亩产/千克	亩产与对照比较/%	增产点率/%	差异显著性		亩产/千克	亩产与对照比较/%	差异显著性	亩产/千克	亩产与对照比较/%
					0.05	0.01					
区域试验	春江165	660.7	13.0	90.0	a	A	/	/	/	/	/
	春江163	630.4	7.8	100.0	b	B	/	/	/	/	/
	浙辐粳64	625.2	6.9	90.0	bcd	B	/	/	/	/	/
	甬粳581	615.3	5.2	80.0	cd	BC	/	/	/	/	/
	HZ16-78	607.7	3.9	80.0	cd	BCD	/	/	/	/	/
	嘉禾268	607.7	3.9	90.0	cd	BCD	/	/	/	/	/
	春江151（续）	598.5	2.3	80.0	de	CD	570.9	5.6	**	584.7	3.9
	ZH15-78	586.8	0.3	60.0	ef	DE	/	/	/	/	/
	秀水134（CK）	584.9	0.0	/	efg	DE	540.4	0.0	/	562.6	0.0
	中粳15	575.0	-1.7	50.0	fgh	EF	/	/	/	/	/
	中粳2号	566.0	-3.2	30.0	gh	EF	/	/	/	/	/
	中粳16	559.1	-4.4	30.0	h	F	/	/	/	/	/
生产试验	春江157	618.3	4.2	100.0	/	/	/	/	/	/	/
	浙粳49	622.3	4.9	100.0	/	/	/	/	/	/	/
	秀水134（CK）	593.4	0.0	/	/	/	/	/	/	/	/

注：**表示差异达极显著水平；*表示差异达显著水平。

表4 2018年浙江省单季常规晚粳稻（A2组）区域试验参试品种产量表

试验类别	品种名称	亩产/千克	亩产与对照比较/%	增产点率/%	差异显著性	
					0.05	0.01
区域试验	丙16-127	643.0	9.3	80.0	a	A
	嘉禾318	641.1	9.0	90.0	ab	A
	嘉禾247	634.8	7.9	80.0	ab	A
	虹粳1758	626.0	6.4	70.0	b	A
	ZH16-98	593.4	0.9	60.0	c	B
	嘉糯1号	590.8	0.4	60.0	c	B
	秀水134（CK）	588.2	0.0	/	c	B
	甬粳695	582.7	-0.9	40.0	c	B
	华浙粳2号	578.0	-1.7	40.0	c	B
	宁21	577.9	-1.8	30.0	c	B
	嘉16-48	551.6	-6.2	30.0	d	C

表5 2017—2018年浙江省单季常规晚粳稻（A1组）区域试验参试品种经济性状表

品种名称	年份	全生育期/天	全生育期与对照比较/天	基本苗数/（万株/亩）	有效穗数/（万穗/亩）	株高/厘米	总粒数/（粒/穗）	实粒数/（粒/穗）	结实率/%	≤70%点数	千粒重/克
春江151（续）	2018	160	0	6.0	18.6	98.4	142.6	129.8	90.7	0	26.5
	2017	160	-2	5.5	17.2	96.1	144.0	132.2	92.0	0	27.3
	平均	160	-1	5.8	17.9	97.3	143.3	131.0	91.3	0	26.9
嘉禾268	2018	155	-5	6.3	18.5	99.8	149.1	137.3	92.4	0	24.7
甬粳581	2018	163	3	6.2	19.4	104.9	129.1	119.3	92.3	0	25.3
ZH15-78	2018	162	2	6.1	19.0	95.2	127.5	119.1	93.5	0	26.6
中粳15	2018	157	-3	6.3	18.9	90.7	122.2	113.4	93.1	0	26.8
中粳2号	2018	156	-4	6.4	21.6	105.3	105.3	97.4	92.0	0	27.3
中粳16	2018	161	1	6.3	19.6	98.0	122.4	108.5	88.8	0	25.6
春江163	2018	160	0	6.0	17.4	105.3	143.7	130.2	90.9	0	29.0
浙辐粳64	2018	160	0	6.3	20.0	96.7	128.9	118.7	92.1	0	27.6
HZ16-78	2018	161	1	6.2	20.3	89.5	132.1	121.0	91.7	0	25.8
春江165	2018	160	0	6.3	19.2	96.0	153.9	137.0	89.2	0	27.2
秀水134（CK）	2018	160	0	6.3	18.8	92.4	129.0	119.0	92.3	0	26.6

表6 2018年浙江省单季常规晚粳稻（A2组）区域试验参试品种经济性状表

品种名称	全生育期/天	全生育期与对照比较/天	基本苗数/（万株/亩）	有效穗数/（万穗/亩）	株高/厘米	总粒数/（粒/穗）	实粒数/（粒/穗）	结实率/%	≤70%点数	千粒重/克
ZH16-98	158	−2	6.4	20.0	90.0	128.8	119.0	92.4	0	24.6
宁21	163	3	6.1	18.6	95.5	135.9	126.3	92.8	0	25.2
甬粳695	161	1	6.2	20.0	96.4	123.1	113.5	92.1	0	26.7
嘉16-48	162	2	6.1	19.3	93.5	120.6	113.0	93.6	0	26.4
丙16-127	161	1	6.3	19.2	91.3	134.1	122.2	91.0	0	26.9
虹粳1758	159	−1	5.7	17.6	99.4	131.4	118.7	90.3	0	30.2
嘉糯1号	155	−5	6.0	16.6	92.3	155.4	140.8	90.3	0	27.5
嘉禾247	156	−4	5.9	17.9	92.4	141.8	130.6	92.0	0	29.0
嘉禾318	159	−1	6.0	19.7	101.8	117.5	106.5	90.6	0	30.4
华浙粳2号	161	1	6.2	20.3	90.3	113.5	105.3	92.8	0	26.4
秀水134（CK）	160	0	6.3	19.5	92.2	127.0	117.5	92.3	0	26.9

表7 2017—2018年浙江省单季常规晚粳稻（A1组）区域试验参试品种主要病虫害抗性表

品种名称	年份	稻瘟病								白叶枯病			褐飞虱	
		苗叶瘟		穗瘟发病率		穗瘟损失率		综合指数	抗性评价	平均级	最高级	抗性评价	抗性等级	抗性评价
		平均级	最高级	平均级	最高级	平均级	最高级							
中粳16	2018	0.8	1	5.0	5	1.0	1	2.0	抗	3.8	5	中感	9	高感
嘉禾268	2018	0.7	1	7.0	7	3.0	3	3.5	中抗	3.4	5	中感	9	高感
中粳2号	2018	3.3	4	5.0	5	2.0	3	3.3	中抗	3.8	5	中感	9	高感
HZ16-78	2018	1.7	2	4.5	5	1.5	3	2.4	中抗	3.0	3	中抗	9	高感
秀水134（CK）	2018	2.3	3	5.5	7	3.5	5	3.9	中抗	2.5	3	中抗	9	高感
浙辐粳64	2018	2.7	4	6.5	7	1.5	3	3.4	中抗	4.5	5	中感	9	高感
春江163	2018	0.7	1	5.0	5	2.0	3	2.5	中抗	2.5	3	中抗	9	高感
春江151（续）	2018	1.7	2	4.4	5	1.0	1	2.1	抗	3.5	5	中感	9	高感
	2017	7.2	8	5.0	5	3.0	3	4.8	中感	2.7	3	中抗	9	高感
甬粳581	2018	5.3	7	5.0	5	2.0	3	4.0	中抗	3.8	5	中感	9	高感
中粳15	2018	7.3	8	9.0	9	5.5	9	7.0	高感	3.4	5	中感	9	高感
ZH15-78	2018	1.7	4	4.4	5	1.0	1	2.6	中抗	1.8	3	中抗	9	高感
春江165	2018	1.7	2	6.0	7	2.0	3	3.0	中抗	3.7	5	中感	9	高感

表 8　2018 年浙江省单季常规晚粳稻（A2 组）区域试验参试品种主要病虫害抗性表

品种名称	稻瘟病								白叶枯病			褐飞虱	
	苗叶瘟		穗瘟发病率		穗瘟损失率		综合指数	抗性评价	平均级	最高级	抗性评价	抗性等级	抗性评价
	平均级	最高级	平均级	最高级	平均级	最高级							
嘉禾 247	2.7	3	6.4	7	3.0	3	3.8	中抗	4.6	5	中感	9	高感
嘉糯 1 号	6.3	7	8.0	9	7.0	9	7.3	感	3.5	5	中感	9	高感
宁 21	2.7	4	3.0	3	1.0	1	2.3	中抗	2.5	3	中抗	9	高感
秀水 134（CK）	1.8	3	6.5	9	3.0	5	3.9	中抗	1.9	3	中抗	9	高感
甬粳 695	5.7	7	5.0	5	2.0	3	4.0	中抗	3.5	5	中感	9	高感
华浙粳 2 号	2.3	4	5.0	5	1.5	3	3.0	中抗	1.5	3	中抗	9	高感
丙 16-127	0.3	1	4.7	7	1.4	3	2.1	抗	3.8	5	中感	9	高感
ZH16-98	2.7	3	4.0	5	1.0	1	2.3	中抗	2.3	3	中抗	9	高感
嘉禾 318	2.3	3	6.5	7	3.5	5	4.1	中感	4.3	5	中感	9	高感
虹粳 1758	1.7	2	7.0	9	3.0	3	3.8	中抗	4.5	5	中感	9	高感
嘉 16-48	7.7	8	6.5	7	4.0	5	5.6	中感	3.0	3	中抗	9	高感

表9 2017—2018年浙江省单季晚常规晚粳稻（A1组）区域试验参试品种米质表

品种名称	年份	供样地点	糙米率/%	精米率/%	整精米率/%	粒长/毫米	长宽比	垩白粒率/%	垩白度/%	透明度/级	碱消值/级	胶稠度/毫米	直链淀粉含量/%	蛋白质含量/%	等级	食味评价
春江151（续）	2018		83.5	75.7	71.2	5.7	2.2	6	1.0	1	6.2	64	15.3	9.03	三等	76
	2017	宁波	83.2	73.7	68.3	5.6	2.2	7	0.9	1	6.8	62	14.0	8.40	三等	/
	平均		83.4	74.7	69.8	5.7	2.2	6.5	1.0	1	6.5	63	14.7	8.72	/	/
嘉禾268	2018	宁波	84.4	76.3	59.2	6.1	2.7	14	2.1	2	7.0	64	16.0	8.63	普通	76
甬粳581	2018	嘉兴	82.5	73.3	68.9	5.2	2.0	20	1.6	1	7.0	72	17.3	7.02	三等	76
ZH15-78	2018	嘉兴	83.3	73.8	69.6	5.0	1.8	28	2.3	1	7.0	78	17.3	7.27	三等	75
中粳15	2018	诸暨	84.0	73.6	69.2	5.2	1.9	31	3.1	2	6.7	74	18.1	6.78	三等	74
中粳2号	2018	嘉兴	82.2	71.7	63.3	6.3	2.5	14	1.0	1	6.2	66	16.6	8.96	三等	72
中粳16	2018	嘉兴	82.7	71.5	66.3	4.8	1.7	/	/	/	6.2	100	1.0	7.51	三等	75
春江163	2018	嘉兴	83.3	73.1	63.3	6.0	2.2	31	3.5	2	6.3	77	15.8	8.89	三等	67
浙辐粳64	2018	诸暨	82.5	71.8	59.4	5.1	1.8	49	6.1	2	6.7	71	18.0	6.51	普通	73
HZ16-78	2018	宁波	83.8	72.9	67.2	4.9	1.8	24	2.1	1	6.5	64	16.0	8.44	三等	75
春江165	2018	嘉兴	83.8	74.6	71.2	5.7	2.2	32	3.1	2	6.2	73	14.2	8.67	三等	69
秀水134（CK）	2018	宁波	84.2	74.6	70.8	4.9	1.8	43	4.4	1	6.8	64	16.2	8.69	三等	75

表 10　2018 年浙江省单季常规晚粳稻（A2 组）区域试验参试品种米质表

品种名称	供样地点	糙米率/%	精米率/%	整精米率/%	粒长/毫米	长宽比	垩白粒率/%	垩白度/%	透明度/级	碱消值/级	胶稠度/毫米	直链淀粉含量/%	蛋白质含量/%	等级	食味评价
ZH16-98	诸暨	81.7	69.9	65.9	4.8	1.8	19	2.8	2	6.2	74	16.7	7.05	三等	74
宁 21	宁波	83.1	72.8	66.5	5.1	1.8	11	1.3	2	7.0	62	16.9	7.93	三等	74
甬粳 695	诸暨	82.5	71.4	63.2	5.0	1.8	8	0.9	2	7.0	77	17.5	6.87	三等	80
嘉 16-48	诸暨	82.8	72.1	45.4	5.1	1.9	1	0.2	3	7.0	77	9.4	7.13	普通	76
丙 16-127	宁波	83.9	73.6	65.6	5.2	1.8	27	3.8	1	6.3	74	15.7	8.93	三等	74
虹粳 1758	诸暨	84.6	73.5	30.4	6.5	2.5	16	2.2	2	6.5	73	17.4	7.01	普通	76
嘉糯 1 号	宁波	84.9	74.6	56.2	5.1	1.8	/	/	/	6.0	100	2.0	9.18	普通	78
嘉禾 247	诸暨	83.7	71.2	60.4	5.1	1.8	39	5.5	4	6.8	70	14.8	6.62	普通	73
嘉禾 318	宁波	85.3	76.0	48.8	7.1	2.9	17	3.4	2	6.2	65	16.6	8.17	普通	79
华浙粳 2 号	宁波	83.9	75.1	65.4	5.1	1.7	18	3.1	2	6.3	62	16.1	8.03	三等	76
秀水 134（CK）	宁波	83.9	73.9	70.5	5.1	1.8	22	3.1	1	6.2	72	16.1	8.23	三等	80

表11　2018年浙江省单季常规晚粳稻（A1组）区域试验和生产试验参试品种各试点产量表

单位：千克/亩

试验类别	品种名称	湖州	嘉善	嘉兴	临安	宁波	嵊州所	省农科	舟山	诸国家	勿忘农
区域试验	春江151（续）	578.67	663.33	594.39	507.67	614.83	661.67	670.18	531.02	577.17	585.71
	嘉禾268	627.50	651.67	654.04	513.33	609.83	613.50	656.14	584.57	580.17	585.71
	甬粳581	631.67	636.67	635.61	557.83	623.67	657.50	670.18	539.03	629.17	571.43
	ZH15-78	617.00	613.33	585.96	479.00	564.17	609.17	715.79	531.32	562.83	588.89
	中粳15	602.33	655.00	641.75	510.17	594.17	577.50	545.61	553.77	526.83	542.86
	中粳2号	598.33	671.67	518.42	512.83	559.83	592.50	628.07	482.08	553.00	542.86
	中粳16	580.50	661.67	526.67	535.83	564.33	582.50	570.18	495.03	547.50	526.98
	春江163	633.50	706.67	674.04	566.00	603.50	678.33	673.68	603.00	586.17	579.37
	浙辐粳64	615.67	685.00	671.93	565.50	641.83	699.17	650.88	585.60	542.50	593.65
	HZ16-78	609.00	586.67	590.35	503.33	646.50	643.33	742.11	573.60	596.33	585.71
	春江165	703.17	691.67	708.07	563.83	611.17	705.00	626.32	656.10	710.17	631.75
	秀134（CK）	601.67	645.00	582.81	498.17	578.17	607.50	645.61	590.62	540.33	558.73
生产试验	春江157	638.40	667.50	594.53	542.20	700.79	647.50	643.10	/	533.01	597.96
	浙粳49	644.20	695.00	596.72	531.32	713.13	630.00	666.67	/	537.90	586.03
	秀水134（CK）	617.60	637.50	588.09	514.92	680.32	592.5	614.48	/	511.00	583.99

表12　2018年浙江省单季常规晚粳稻（A2组）区域试验参试品种各试点产量表

单位：千克/亩

试验类别	品种名称	湖州	嘉善	嘉兴	临安	宁波	嵊州所	省农科	舟山	诸国家	勿忘农
区域试验	ZH16-98	618.83	661.67	647.89	433.33	604.67	555.33	733.33	534.17	590.83	553.97
	宁21	560.67	635.00	632.63	507.67	613.00	603.83	608.77	529.57	560.33	526.98
	甬粳695	562.00	703.33	618.77	415.83	611.33	606.17	617.54	545.88	587.33	558.73
	嘉16-48	565.17	685.00	526.14	488.33	547.5	518.67	612.28	484.30	585.67	503.17
	丙16-127	711.00	698.33	673.51	466.67	616.67	684.00	722.81	583.78	654.50	619.05
	虹粳1758	686.33	681.67	631.05	490.67	587.17	692.83	635.09	607.38	699.83	547.62
	嘉糯1号	643.33	598.33	664.04	523.33	644.00	568.83	564.91	570.87	597.17	533.33
	嘉禾247	690.33	643.33	724.39	532.00	669.83	637.50	575.44	642.33	658.33	574.6
	嘉禾318	699.67	671.67	701.05	553.83	645.17	638.50	608.77	598.05	694.67	600.00
	华浙粳2号	590.00	658.33	602.63	433.00	618.33	585.00	692.98	504.30	552.50	542.86
	秀水134（CK）	616.00	646.67	590.53	472.83	620.67	619.17	657.89	566.17	541.67	550.79

（李燕整理汇总）

2018年浙江省连作晚粳稻区域试验和生产试验总结

浙江省种子管理总站

一、试验概况

2018年浙江省连作晚粳稻区域试验参试品种共11个（不包括对照，下同），其中，10个新参试品种；生产试验参试品种1个。区域试验采用随机区组排列，小区面积0.02亩，重复三次。试验四周设保护行，同组所有参试品种同期播种、移栽，其他田间管理与当地大田生产一致，试验田及时防治病虫害，试验观察记载按照《浙江省水稻区域试验和生产试验技术操作规程（试行）》执行。

本组区域试验分别由中国水稻研究所、湖州市农业科学研究院、嘉兴市农业科学研究院、浙江省农业科学院作物与核技术利用研究所、嘉善县种子管理站、宁波市农业科学研究院、嵊州市农业科学研究所、台州市农业科学研究院、金华市农业科学研究院和绍兴市舜达种业有限公司10家单位承担；生产试验分别由湖州市农业科学研究院、嘉兴市农业科学研究院、嘉善县种子管理站、嵊州市农业科学研究所、台州市农业科学研究院、金华市农业科学研究院、诸暨国家区域试验站和绍兴市舜达种业有限公司8个单位承担。稻瘟病抗性鉴定委托浙江省农业科学院植物保护与微生物研究所（牵头）、温州市农业科学院、丽水市农业科学研究院、浙江大学农业试验站（长兴分站）、绍兴市农业科学研究院承担；白叶枯病抗性鉴定委托浙江省农业科学院植物保护与微生物研究所承担；褐飞虱抗性鉴定委托中国水稻研究所稻作中心承担；稻米品质测定委托农业部稻米及制品质量监督检验测试中心（杭州）承担；转基因检测委托农业部转基因植物环境安全鉴定检验测试中心（杭州）承担；DNA指纹检测委托农业部植物新品种测试中心（杭州）承担。

二、试验结果

1. 产量：据各试点的产量结果汇总，8个品种亩产高于对照宁81，增幅为1.2%～22.8%；3个品种比对照宁81减产，其中，台16-3糯减产幅度最大，为5.3%。生产试验参试品种R152比对照宁81增产8.4%。

2. 生育期：参试品种生育期变幅为119～134天。其中，4个品种生育期比对照宁81长3天；中粳9号（软米）生育期最短，比对照宁81短12天。

3. 抗性：参试品种中，丙16-135和春江166表现为抗稻瘟病，中粳9号（软米）为中感稻瘟病，其余品种为中抗稻瘟病；3个品种中抗白叶枯病，其余品种为感或中感；2个品种对褐飞虱表现为感，其余品种为高感。

4. 品质：参试品种中，有1个品种本年检测为部颁一等，5个品种为二等，2个品种为三等。

三、品种简评

（一）区域试验

1. R162：系浙江省农业科学院、浙江之豇种业有限责任公司联合选育，该品种第二年参试。2018年试验平均亩产 618.7 千克，比对照宁 81 增产 5.7%，达显著水平，增产点率 70%；2017 年试验平均亩产 555.3 千克，比对照宁 81 增产 3.9%，达极显著水平，增产点率 81%；两年区域试验平均亩产 587.0 千克，比对照宁 81 增产 4.9%。两年平均全生育期 128 天，比对照宁 81 短 3 天。该品种两年平均亩有效穗数 19.3 万穗，株高 76.4 厘米，每穗总粒数 106.2 粒，每穗实粒数 98.0 粒，结实率 92.3%，≤65%点数 0 个，千粒重 24.3 克。经浙江省农业科学院植物保护与微生物研究所 2017—2018 年抗性鉴定（此处按两年较差数据计），苗叶瘟平均 4.3 级，穗瘟发病率平均 4.5 级，穗瘟损失率平均 1.5 级，综合指数 2.8，为中抗；白叶枯病 4.8 级，为中感；褐飞虱 9 级，为高感。经农业农村部稻米及制品质量监督检测测试中心 2017—2018 年检测，两年平均整精米率 67.3%，长宽比 1.9，垩白粒率 24%，垩白度 3.8%，透明度 1.5 级，胶稠度 66 毫米，直链淀粉含量 16.0%，米质各项指标综合评价两年分别为食用稻品种品质部颁二等和普通，食味评价 73 分。该品种与秀水 123 极相似，不符合审定标准，下一年度试验终止。

2. 春江 166：系中国水稻研究所、浙江科诚种业股份有限公司联合选育，该品种第一年参试。2018年试验平均亩产 592.4 千克，比对照宁 81 增产 1.2%，未达显著水平，增产点率 40%。全生育期 130 天，比对照宁 81 短 1 天。该品种亩有效穗数 17.9 万穗，株高 76.9 厘米，每穗总粒数 120.7 粒，每穗实粒数 104.3 粒，结实率 86.4%，≤65%点数 0 个，千粒重 25.3 克。经浙江省农业科学院植物保护与微生物研究所 2018 年抗性鉴定，苗叶瘟平均 1.7 级，穗瘟发病率平均 6.5 级，穗瘟损失率平均 2.0 级，综合指数 2.0，为抗；白叶枯病 4.5 级，为中感；褐飞虱 9 级，为高感。经农业农村部稻米及制品质量监督检测测试中心 2018 年检测，平均整精米率 67.6%，长宽比 1.7，垩白粒率 18%，垩白度 2.0%，透明度 1 级，胶稠度 82 毫米，直链淀粉含量 17.8%，米质各项指标综合评价为食用稻品种品质部颁二等，食味评价 72 分。该品种符合审定标准，下一年度续试。

3. 丙 16-135：系嘉兴市农业科学研究院选育，该品种第一年参试。2018 年试验平均亩产 580.6 千克，比对照宁 81 减产 0.8%，未达显著水平，增产点率 40%。全生育期 134 天，比对照宁 81 长 3 天。该品种亩有效穗数 18.0 万穗，株高 81.5 厘米，每穗总粒数 134.0 粒，每穗实粒数 111.1 粒，结实率 82.9%，≤65%点数 0 个，千粒重 24.0 克。经浙江省农业科学院植物保护与微生物研究所 2018 年抗性鉴定，苗叶瘟平均 1.0 级，穗瘟发病率平均 4.0 级，穗瘟损失率平均 1.0 级，综合指数 1.5，为抗；白叶枯病 3.5 级，为中感；褐飞虱 7 级，为感。经农业农村部稻米及制品质量监督检测测试中心 2018 年检测，平均整精米率 65.5%，长宽比 1.8，垩白粒率 12%，垩白度 2.2%，透明度 1 级，胶稠度 74 毫米，直链淀粉含量 17.5%，米质各项指标综合评价为食用稻品种品质部颁三等，食味评价 75 分。该品种不符合审定标准，下一年度试验终止。

4. C16-22：系嘉兴市农业科学研究院选育，该品种第一年参试。2018 年试验平均亩产 600.9 千克，比对照宁 81 增产 2.7%，未达显著水平，增产点率 90%。全生育期 127 天，比对照宁 81 短 4 天。该品种亩有效穗数 17.8 万穗，株高 81.5 厘米，每穗总粒数 121.9 粒，每穗实粒数 109.6 粒，结实率 89.9%，≤65%点数 0 个，千粒重 25.4 克。经浙江省农业科学院植物保护与微生物研究所 2018 年抗性鉴定，苗叶瘟平均 0.7 级，穗瘟发病率平均 3.0 级，穗瘟损失率平均 1.0 级，综合指数 3.0，为中抗；白叶枯病 1.5 级，为中抗；褐飞虱 9 级，为高感。经农业农村部稻米及制品质量监督检测测试中心 2018 年检测，平均整精米率 70.5%，长宽比 1.8，垩白粒率 10%，垩白度 1.1%，透明度 1 级，胶稠度 78 毫米，直链淀粉含量 16.6%，米质各项指标综合评价为食用稻品种品质部颁二等，食味评价 76 分。该品种符合审定标准，下一年度续试。

5. 中粳 9 号（软米）：系中国水稻研究所、江苏（武进）水稻研究所联合选育，该品种第一年参试。2018 年试验平均亩产 563.4 千克，比对照宁 81 减产 3.7%，未达显著水平，增产点率 50%。全生育期 119 天，比对照宁 81 短 12 天。该品种亩有效穗数 17.3 万穗，株高 78.4 厘米，每穗总粒数 117.4 粒，每穗实粒数 105.8 粒，结实率 90.1%，≤65%点数 0 个，千粒重 23.8 克。经浙江省农业科学院植物保护与微生物研究所 2018 年抗性鉴定，苗叶瘟平均 1.7 级，穗瘟发病率平均 5.0 级，穗瘟损失率平均 1.7 级，综合指数 5.6，为中感；白叶枯病 4.5 级，为中感；褐飞虱 9 级，为高感。经农业农村部稻米及制品质量监督检测测试中心 2018 年检测，平均整精米率 63.1%，长宽比 1.6，胶稠度 86 毫米，直链淀粉含量 8.7%，米质各项指标综合评价为食用稻品种品质部颁普通，食味评价 76 分。该品种不符合审定标准，下一年度试验终止。

6. 台 16-3 糯：系台州市农业科学研究院选育，该品种第一年参试。2018 年试验平均亩产 554.2 千克，比对照宁 81 减产 5.3%，达极显著水平，增产点率 10%。全生育期 132 天，比对照宁 81 长 1 天。该品种亩有效穗数 14.0 万穗，株高 88.4 厘米，每穗总粒数 166.0 粒，每穗实粒数 144.7 粒，结实率 87.2%，≤65%点数 0 个，千粒重 21.3 克。经浙江省农业科学院植物保护与微生物研究所 2018 年抗性鉴定，苗叶瘟平均 2.3 级，穗瘟发病率平均 4.5 级，穗瘟损失率平均 1.5 级，综合指数 3.5，为中抗；白叶枯病 2.8 级，为中抗；褐飞虱 9 级，为高感。经农业农村部稻米及制品质量监督检测测试中心 2018 年检测，平均整精米率 67.3%，长宽比 1.7，胶稠度 100 毫米，直链淀粉含量 0.3%，米质各项指标综合评价为食用稻品种品质部颁二等，食味评价 78 分。该品种符合审定标准，下一年度续试，生产试验同步进行。

7. 杭优 K210：系杭州种业集团有限公司、浙江省农业科学院作物与核技术利用研究所联合选育，该品种第一年参试。2018 年试验平均亩产 718.7 千克，比对照宁 81 增产 22.8%，达极显著水平，增产点率 90%。全生育期 131 天，与对照宁 81 相同。该品种亩有效穗数 17.3 万穗，株高 103.4 厘米，每穗总粒数 192.7 粒，每穗实粒数 152.3 粒，结实率 79.0%，≤65%点数 0 个，千粒重 23.6 克。经浙江省农业科学院植物保护与微生物研究所 2018 年抗性鉴定，苗叶瘟平均 3.3 级，穗瘟发病率平均 4.7 级，穗瘟损失率平均 2.0 级，综合指数 2.8，为中抗；白叶枯病 5.5 级，为感；褐飞虱 9 级，为高感。经农业农村部稻米及制品质量监督检测测试中心 2018 年检测，平均整精米率 58.7%，长宽比 2.8，垩白粒率 22%，垩白度 3.4%，透明度 2 级，胶稠度 78 毫米，直链淀粉含量 15.7%，米质各项指标综合评价为食用稻品种品质部颁三等，食味评价 76 分。该品种不符合审定标准，下一年度试验终止。

8. 春优 801：系中国水稻研究所、浙江国稻高科技种业有限公司联合选育，该品种第一年参试。2018 年试验平均亩产 694.2 千克，比对照宁 81 增产 18.6%，达极显著水平，增产点率 90%。全生育期 134 天，比对照宁 81 长 3 天。该品种亩有效穗数 15.4 万穗，株高 100.2 厘米，每穗总粒数 198.7 粒，每穗实粒数 147.9 粒，结实率 74.4%，≤65%点数 0 个，千粒重 24.5 克。经浙江省农业科学院植物保护与微生物研究所 2018 年抗性鉴定，苗叶瘟平均 4.3 级，穗瘟发病率平均 4.0 级，穗瘟损失率平均 2.0 级，综合指数 2.6，为中抗；白叶枯病 5.5 级，为感；褐飞虱 7 级，为感。经农业农村部稻米及制品质量监督检测测试中心 2018 年检测，平均整精米率 62.9%，长宽比 2.5，垩白粒率 18%，垩白度 1.9%，透明度 1 级，胶稠度 84 毫米，直链淀粉含量 17.0%，米质各项指标综合评价为食用稻品种品质部颁普通，食味评价 77 分。该品种符合审定标准，下一年度续试，生产试验同步进行。

9. 甬优 59：系宁波市种子有限公司选育，该品种第一年参试。2018 年试验平均亩产 621.3 千克，比对照宁 81 增产 6.2%，达极显著水平，增产点率 70%。全生育期 134 天，比对照宁 81 长 3 天。该品种亩有效穗数 13.8 万穗，株高 101.2 厘米，每穗总粒数 190.9 粒，每穗实粒数 145.5 粒，结实率 76.2%，≤65%点数 0 个，千粒重 23.2 克。经浙江省农业科学院植物保护与微生物研究所 2018 年抗性鉴定，苗叶瘟平均 3.7 级，穗瘟发病率平均 4.0 级，穗瘟损失率平均 2.0 级，综合指数 3.6，为中抗；白叶枯病 4.6 级，为中感；褐飞虱 9 级，为高感。经农业农村部稻米及制品质量监督检测测试中心 2018 年检测，平均整精米率 67.5%，长宽比 2.2，垩白粒率 14%，垩白度 1.8%，透明度 1 级，胶稠度 82 毫米，直链淀粉含量 18.3%，米质各项指标综合评价为食用稻品种品质部颁二等，食味评价 75 分。该品种符合审定标准，下一年度续试，生产试验同步进行。

10. 甬优 58：系宁波市种子有限公司选育，该品种第一年参试。2018 年试验平均亩产 655.6 千克，比对照宁 81 增产 12.0%，达极显著水平，增产点率 100%。全生育期 134 天，比对照宁 81 长 3 天。该品种亩有效穗数 12.8 万穗，株高 97.2 厘米，每穗总粒数 216.8 粒，每穗实粒数 174.5 粒，结实率 80.5%，≤65%点数 0 个，千粒重 21.9 克。经浙江省农业科学院植物保护与微生物研究所 2018 年抗性鉴定，苗叶瘟平均 1.7 级，穗瘟发病率平均 5.0 级，穗瘟损失率平均 2.0 级，综合指数 2.9，为中抗；白叶枯病 5.0 级，为中感；褐飞虱 9 级，为高感。经农业农村部稻米及制品质量监督检测测试中心 2018 年检测，平均整精米率 63.6%，长宽比 2.3，垩白粒率 3%，垩白度 0.5%，透明度 1 级，胶稠度 82 毫米，直链淀粉含量 18.0%，米质各项指标综合评价为食用稻品种品质部颁一等，食味评价 79 分。该品种符合审定标准，下一年度续试，生产试验同步进行。

11. 禾香优 1 号：系浙江勿忘农种业股份有限公司选育，该品种第一年参试。2018 年试验平均亩产 685.6 千克，比对照宁 81 增产 17.2%，达极显著水平，增产点率 100%。全生育期 131 天，与对照宁 81 相同。该品种亩有效穗数 12.9 万穗，株高 90.3 厘米，每穗总粒数 212.7 粒，每穗实粒数 180.6 粒，结实率 84.9%，≤65%点数 0 个，千粒重 23.2 克。经浙江省农业科学院植物保护与微生物研究所 2018 年抗性鉴定，苗叶瘟平均 0.7 级，穗瘟发病率平均 3.7 级，穗瘟损失率平均 1.0 级，综合指数 3.4，为中抗；白叶枯病 3.0 级，为中抗；褐飞虱 9 级，为高感。经农业农村部稻米及制品质量监督检测测试中心 2018 年检测，平均整精米率 60.1%，长宽比 2.0，垩白粒率 27%，垩白度 3.9%，透明度 1 级，胶稠度 80 毫米，直链淀粉含量 15.3%，米质各项指标综合评价为食用稻品种品质部颁普通，食味评价 74 分。该品种符合审定标准，下一年度续试，生产试验同步进行。

（二）生产试验

R152：系浙江省农业科学院选育。2017 年试验平均亩产 559.1 千克，比对照宁 81 增产 4.6%，达极显著水平，增产点率 81%；2016 年试验平均亩产 610.1 千克，比对照宁 81 增产 10.4%，达极显著水平；两年区域试验平均亩产 584.6 千克，比对照宁 81 增产 7.6%。2018 年生产试验平均亩产 585.8 千克，比对照宁 81 增产 8.4%，增产点率 100%。两年平均全生育期 133.7 天，比对照宁 81 短 2.5 天。该品种亩有效穗数 21.1 万穗，株高 81.0 厘米，每穗总粒数 118.0 粒，每穗实粒数 101.3 粒，结实率 85.8%，≤65%

点数 0 个，千粒重 25.2 克。经浙江省农业科学院植物保护与微生物研究所 2016—2017 年抗性鉴定，平均叶瘟 3.95 级，穗瘟 3 级，穗瘟损失率 1%，综合指数为 3，为中抗；白叶枯病 5 级；为中感；褐飞虱 9 级，为高感。经农业部稻米及制品质量监督检测中心 2016—2017 年检测，平均整精米率 65.6%，长宽比 1.9，垩白粒率 31%，垩白度 4.1%，透明度 1.5 级，胶稠度 65 毫米，直链淀粉含量 16.0%，米质各项指标综合评价两年分别为食用稻品种品质部颁普通和三等。该品种符合审定标准，通过初审，提交审定。

相关结果见表 1～表 6。

表 1　2018 年浙江省连作晚粳稻区域试验和生产试验参试品种和申请（供种）单位表

试验类别	品种名称	类型	亲本	申请（供种）单位	备注
区域试验	R162（续）	常规	11 秋 B56/ZH0997	浙江省农业科学院、浙江之豇种业有限责任公司	续试、同步特异性鉴定
	春江 166	常规	春江糯 6 号/嘉 58	中国水稻研究所、浙江科诚种业股份有限公司	新参试
	丙 16-135	常规	秀水 134/BD68×秀水 134/F46	嘉兴市农业科学研究院	
	C16-22	常规	连粳 9 号/秀水 134	嘉兴市农业科学研究院	
	中粳 9 号（软米）	常规	5015（农 13/武运粳 19 号）/武运粳 30 号	中国水稻研究所、江苏（武进）水稻研究所	
	台 16-3 糯	常规糯稻	春江 063/台 07-1//2012-A7	台州市农业科学研究院	
	杭优 K210	籼粳交偏粳	杭 K2A×杭恢 F1710	杭州种业集团有限公司、浙江省农业科学院作物与核技术利用研究所	
	春优 801	籼粳交偏粳	春江 88A×T301	中国水稻研究所、浙江国稻高科技种业有限公司	
	甬优 59	籼粳交偏粳	甬粳 15A×F9061	宁波市种子有限公司	
	甬优 58	籼粳交偏粳	甬粳 94A×F9002	宁波市种子有限公司	
	禾香优 1 号	粳杂	禾香 1A×TD47	浙江勿忘农种业股份有限公司	
	宁 81（CK）	常规	甬单 6 号/秀水 110	宁波市农业科学研究院	
生产试验	R152	常规	11 秋 B58（丙 05-129/秀水 123r）ZH09-97	浙江省农业科学院	
	宁 81（CK）	常规	甬单 6 号/秀水 110	宁波市农业科学研究院	

表2 2017—2018年浙江省连作晚粳稻区域试验和生产试验参试品种产量表

试验类别	品种名称	2018年					2017年			两年平均	
		亩产/千克	亩产与对照比较/%	增产点率/%	差异显著性		亩产/千克	亩产与对照比较/%	差异显著性	亩产/千克	亩产与对照比较/%
					0.05	0.01					
区域试验	杭优K210	718.7	22.8	90	a	A	/	/	/	/	/
	春优801	694.2	18.6	90	b	AB	/	/	/	/	/
	禾香优1号	685.6	17.2	100	b	B	/	/	/	/	/
	甬优58	655.6	12.0	100	c	C	/	/	/	/	/
	甬优59	621.3	6.2	70	d	D	/	/	/	/	/
	R162（续）	618.7	5.7	70	d	DE	555.3	3.9	**	587.0	4.9
	C16-22	600.9	2.7	90	de	DEF	/	/	/	/	/
	春江166	592.4	1.2	40	e	EF	/	/	/	/	/
	宁81（CK）	585.2	0.0	/	ef	FG	534.3	0.0	/	559.7	0.0
	丙16-135	580.6	−0.8	40	ef	FGH	/	/	/	/	/
	中粳9号（软米）	563.4	−3.7	50	fg	GH	/	/	/	/	/
	台16-3糯	554.2	−5.3	10	g	H	/	/	/	/	/
生产试验	R152	585.8	8.4	100	/	/	/	/	/	/	/
	宁81（CK）	540.5	0.0	/	/	/	/	/	/	/	/

注：**表示差异达极显著水平；*表示差异达显著水平。

表3 2017—2018年浙江省连作晚粳稻区域试验参试品种经济性状表

品种名称	年份	全生育期/天	全生育期与对照比较/天	基本苗数/（万株/亩）	有效穗数/（万穗/亩）	株高/厘米	总粒数/（粒/穗）	实粒数/（粒/穗）	结实率/%	≤65%点数	千粒重/克
R162（续）	2018	129	−2	6.7	19.5	76.7	108.5	101.3	93.4	0	24.8
	2017	126	−4	5.8	19.2	76.0	103.9	94.7	91.1	0	23.7
	平均	128	−3	6.2	19.3	76.4	106.2	98.0	92.3	0	24.3
春江166	2018	130	−1	6.8	17.9	76.9	120.7	104.3	86.4	0	25.3
丙16-135	2018	134	3	6.6	18.0	81.5	134.0	111.1	82.9	0	24.0
C16-22	2018	127	−4	6.9	17.8	81.5	121.9	109.6	89.9	0	25.4
中粳9号（软米）	2018	119	−12	6.4	17.3	78.4	117.4	105.8	90.1	0	23.8
台16-3糯	2018	132	1	6.8	14.0	88.4	166.0	144.7	87.2	0	21.3
杭优K210	2018	131	0	5.6	17.3	103.4	192.7	152.3	79.0	0	23.6
春优801	2018	134	3	5.5	15.4	100.2	198.7	147.9	74.4	0	24.5

品种名称	年份	全生育期/天	全生育期与对照比较/天	基本苗数/（万株/亩）	有效穗数/（万穗/亩）	株高/厘米	总粒数/（粒/穗）	实粒数/（粒/穗）	结实率/%	≤65%点数	千粒重/克
甬优 59	2018	134	3	5.3	13.8	101.2	190.9	145.5	76.2	0	23.2
甬优 58	2018	134	3	5.5	12.8	97.2	216.8	174.5	80.5	0	21.9
禾香优 1 号	2018	131	0	5.7	12.9	90.3	212.7	180.6	84.9	0	23.2
宁 81（CK）	2018	131	0	6.8	18.2	78.2	112.3	102.9	91.6	0	24.5

表4 2017—2018 年浙江省连作晚粳稻区域试验参试品种主要病虫害抗性表

品种名称	年份	稻瘟病									白叶枯病			褐飞虱	
		苗叶瘟		穗瘟发病率		穗瘟损失率		综合指数	抗性评价		平均级	最高级	抗性评价	抗性等级	抗性评价
		平均级	最高级	平均级	最高级	平均级	最高级								
R162（续）	2018	3.3	5	7.5	9	5.0	9	1.7	抗		3.0	3	中抗	9	高感
	2017	4.3	7	4.5	7	1.5	3	2.8	中抗		4.8	5	中感	9	高感
中粳 9 号（软米）	2018	1.7	2	5.0	5	1.7	3	5.6	中感		4.5	5	中感	9	高感
甬优 59	2018	3.7	4	4.0	5	2.0	3	3.6	中抗		4.6	5	中感	9	高感
春优 801	2018	4.3	6	4.0	5	2.0	3	2.6	中抗		5.5	7	感	7	感
C16-22	2018	0.7	1	3.0	5	1.0	1	3.0	中抗		1.5	3	中抗	9	高感
台 16-3 糯	2018	2.3	4	4.5	7	1.5	3	3.5	中抗		2.8	3	中抗	9	高感
丙 16-135	2018	1.0	2	4.0	5	1.0	1	1.5	抗		3.5	5	中感	7	感
甬优 58	2018	1.7	2	5.0	5	2.0	3	2.9	中抗		5.0	5	中感	9	高感
春江 166	2018	1.7	3	6.5	9	2.0	3	2.0	抗		4.5	5	中感	9	高感
杭优 K210	2018	3.3	4	4.7	7	2.0	3	2.8	中抗		5.5	7	感	9	高感
禾香优 1 号	2018	0.7	1	3.7	5	1.0	1	3.4	中抗		3.0	3	中抗	9	高感
宁 81（CK）	2018	2.0	4	5.0	5	1.0	1	3.2	中抗		3.7	5	中感	9	高感

表5 2017—2018年浙江省连作晚粳稻区域试验参试品种米质表

品种名称	年份	供样地点	糙米率/%	精米率/%	整精米率/%	粒长/毫米	长宽比	垩白粒率/%	垩白度/%	透明度/级	碱消值/级	胶稠度/毫米	直链淀粉含量/%	蛋白质含量/%	等级	食味评价
R162（续）	2018		84.2	75.0	69.9	5.2	1.8	14	1.4	1	7.0	80	17.2	7.4	二等	73
	2017	嘉兴	82.0	72.7	64.6	5.2	1.9	34	6.1	2	6.8	52	14.8	7.6	普通	/
	平均		83.1	73.9	67.3	5.2	1.9	24	3.8	1.5	6.9	66	16.0	7.5	/	/
春江166	2018	嘉兴	84.6	73.1	67.6	5.0	1.7	18	2.0	1	7.0	82	17.8	7.4	二等	72
丙16-135	2018	嘉兴	83.4	70.1	65.5	5.1	1.8	12	2.2	1	7.0	74	17.5	6.9	三等	75
C16-22	2018	嘉兴	84.6	73.7	70.5	5.2	1.8	10	1.1	1	7.0	78	16.6	7.0	二等	76
中粳9号（软米）	2018	嘉兴	85.6	72.5	63.1	4.4	1.6	糯米混杂	糯米混杂	糯米混杂	6.8	86	8.7	7.0	普通	76
台16-3糯	2018	嘉兴	82.9	70.1	67.3	4.6	1.7	/	/	/	7.0	100	0.3	7.3	二等	78
杭优K210	2018	嘉兴	84.1	74.0	58.7	6.4	2.8	22	3.4	2	6.5	78	15.7	8.1	三等	76
春优801	2018	嘉兴	82.5	73.0	62.9	6.3	2.5	18	1.9	1	6.5	84	17.0	7.5	普通	77
甬优59	2018	嘉兴	84.1	74.5	67.5	5.7	2.2	14	1.8	1	7.0	82	18.3	7.6	二等	75
甬优58	2018	嘉兴	82.9	71.8	63.6	5.7	2.3	3	0.5	1	7.0	82	18.0	7.2	一等	79
禾香优1号	2018	嘉兴	82.9	70.4	60.1	5.5	2.0	27	3.9	1	7.0	80	15.3	7.2	普通	74
宁81（CK）	2018	嘉兴	84.7	75.9	73.4	4.9	1.7	14	1.7	1	7.0	74	16.2	6.5	二等	78

表6 2018年浙江省连作晚粳稻区域试验和生产试验参试品种各试点产量表

单位：千克/亩

试验类别	品种名称	湖州	嘉善	嘉兴	金华	宁波	上虞	嵊州所	台州	省农科	富阳
区域试验	R162（续）	560.2	633.3	682.6	616.1	626.0	696.7	723.7	448.5	561.4	639.0
	春江 166	661.5	587.7	615.4	574.1	629.0	614.3	522.7	576.0	568.4	574.3
	丙 16-135	608.3	550.9	590.5	515.6	606.0	625.8	663.0	489.2	564.9	591.5
	C16-22	611.7	626.3	630.2	550.6	628.2	702.2	634.0	410.7	575.4	639.3
	中粳 9 号（软米）	583.7	671.9	640.4	565.5	617.7	655.0	456.7	332.5	554.4	556.2
	台 16-3 糯	580.8	652.6	581.2	530.3	573.0	544.7	557.0	454.5	475.4	592.8
	杭优 K210	772.7	700.0	755.8	658.3	663.3	825.5	764.8	766.5	679.0	601.0
	春优 801	759.2	570.2	687.4	554.6	690.3	849.2	802.7	667.0	684.2	677.2
	甬优 59	651.2	603.5	559.7	462.1	675.3	615.8	723.5	653.5	617.5	651.0
	甬优 58	670.7	636.8	651.8	553.2	670.0	748.2	698.7	654.8	615.8	655.8
	禾香优 1 号	680.2	740.4	796.8	593.8	675.3	785.0	682.0	628.0	635.1	639.7
	宁 81（CK）	587.3	596.5	629.5	534.9	585.3	642.2	621.2	476.7	570.2	607.8
生产试验	R152	723.45	547.56	624.89	545.58	/	557.24	595.48	478.38	/	/
	宁 81（CK）	659.78	544.22	590	502.76	/	455.37	547.42	436.76	/	/

（李燕整理汇总）

2018 年浙江省单季杂交籼稻区域试验和生产试验总结

浙江省种子管理总站

一、试验概况

2018 年浙江省单季杂交籼稻区域试验分为 3 组：B1 组参试品种共 9 个（不包括对照，下同），其中，续试品种 2 个；B2 组参试品种 10 个，其中，续试品种 2 个；B3 组参试品种 10 个，全部为新参试品种。生产试验分为 2 组：B1 组参试品种 2 个；B2 组参试品种 1 个。区域试验采用随机区组排列，小区面积 0.02 亩，重复 3 次；生产试验采用大区对比，大区面积 0.33 亩。试验四周设保护行，同组所有参试品种同期播种、移栽，其他田间管理与当地大田生产一致，试验田及时防治病虫害，观察记载标准和项目按《浙江省水稻区域试验和生产试验技术操作规程（试行）》执行。

本区域试验分别由杭州临安区种子种苗管理站、建德市种子管理站、诸暨国家级区域试验站、嵊州市农业科学研究所、浦江县良种场、衢州市种子管理站、台州市农业科学研究院、丽水市农业科学研究院、温州市农业科学院 9 个单位承担；生产试验分别由建德市种子管理站、诸暨国家级区域试验站、新昌县种子公司、浦江县良种场、浙江可得丰种业有限公司、衢州市种子管理站、台州市农业科学研究院、景宁县种子管理站、温州市农业科学院 9 个单位承担。稻瘟病抗性鉴定委托浙江省农业科学院植物保护与微生物研究所（牵头）、温州市农业科学院、丽水市农业科学研究院、浙江大学农业试验站（长兴分站）、绍兴市农业科学研究院承担；白叶枯病抗性鉴定委托浙江省农业科学院植物保护与微生物研究所承担；褐飞虱抗性鉴定委托中国水稻研究所稻作中心承担；稻米品质测定委托农业部稻米及制品质量监督检验测试中心（杭州）承担；转基因检测委托农业部转基因植物环境安全鉴定检验测试中心（杭州）承担；DNA 指纹检测委托农业部植物新品种测试中心（杭州）承担；籼粳指数委托中国水稻研究所和浙江省农业科学院承担。

二、试验结果

1. 产量：B1 组区域试验 8 个参试品种较对照中浙优 8 号增产，生产试验组 2 个品种均较对照两优培九增产。B2 组区域试验 8 个参试品种较对照中浙优 8 号增产，生产试验组 1 个品种较对照两优培九增产。B3 组区域试验 5 个参试品种较对照中浙优 8 号增产。

2. 生育期：B1 组参试品种生育期变幅为 125～134 天，生育期最短的是泰两优 1516，最长的是隆两优 606。B2 组参试品种生育期变幅为 127～134 天，生育期最短的是荃优 802，最长的是沪旱优 61。B2 组参试品种生育期变幅为 124～135 天，生育期最短的是野香优 17 和华浙优 26，最长的是 V 两优 699。

3. 抗性：B1 组参试品种中，有 2 个品种中抗稻瘟病，其余品种均为中感；1 个品种中抗白叶枯病，其余品种均为中感或感；所有品种对褐飞虱均为高感。B2 组参试品种中，有 5 个品种中抗稻瘟病，1 个品种为感；所有品种对白叶枯病均为中感或感；所有品种对褐飞虱均为高感。B3 组参试品种中，有 3 个品种中抗稻瘟病，其余品种均为中感；2 个品种中抗白叶枯病，2 个品种为高感；所有品种对褐飞虱均为高感。

4. 品质：B1 组所有参试品种均为普通。B2 组参试品种中，荃优 GSR1 为部颁三等，其余品种均为普通。B3 组参试品种中，野香优 17 和旱优 198 为部颁二等，V 两优 699 为三等，其余品种均为普通。

三、品种简评

（一）B1 组区域试验

1. 申两优 412：系浙江雨辉农业科技有限公司、上海天谷生物科技股份有限公司联合选育，该品种第二年参试。2018 年试验平均亩产 624.5 千克，比对照两优培九减产 0.2%，未达显著水平，增产点率66.0%；2017 年试验平均亩产 621.6 千克，比对照两优培九增产 6.6%，达极显著水平；两年区域试验平均亩产 623.1 千克，比对照两优培九增产 3.1%。两年平均全生育期 128 天，比对照两优培九短 4.5 天。该品种两年平均亩有效穗数 15.1 万穗，株高 115.4 厘米，每穗总粒数 218.2 粒，每穗实粒数 190.3 粒，结实率 86.9%，≤70%点数 0 个，千粒重 24.8 克。经浙江省农业科学院植物保护与微生物研究所 2017—2018 年抗性鉴定（此处按两年较差数据计），苗叶瘟平均 2 级，穗瘟发病率平均 7 级，穗瘟损失率平均 5 级，综合指数 5.3，为中感；白叶枯病 5.7 级，为感；褐飞虱 9 级，为高感。经农业农村部稻米及制品质量监督检测测试中心 2017—2018 年检测，平均整精米率 43.4%，长宽比 3.2，垩白粒率 15%，垩白度 2.8%，透明度 2 级，胶稠度 59 毫米，直链淀粉含量 18.5%，米质各项指标综合评价两年均为食用稻品种品质部颁普通。该品种 2018 年同步完成区域试验和生产试验。

2. 泰两优 1413：系浙江科原种业有限公司、温州市农业科学院、深圳粤香种业科技有限公司联合选育，该品种第二年参试。2018 年试验平均亩产 649.3 千克，比对照两优培九增产 3.8%，达极显著水平，增产点率 83.0%；2017 年试验平均亩产 617.0 千克，比对照两优培九增产 5.8%，达极显著水平；两年区域试验平均亩产 633.2 千克，比对照两优培九增产 4.7%。两年平均全生育期 131 天，比对照两优培九短 1.5 天。该品种两年平均亩有效穗数 15.5 万穗，株高 116.4 厘米，每穗总粒数 183.2 粒，每穗实粒数 165.0 粒，结实率 89.8%，≤70%点数 0 个，千粒重 26.5 克。经浙江省农业科学院植物保护与微生物研究所 2017—2018 年抗性鉴定（此处按两年较差数据计），苗叶瘟平均 5 级，穗瘟发病率平均 8 级，穗瘟损失率平均 3.5 级，综合指数 5.3，为中感；白叶枯病 5.6 级，为感；褐飞虱 9 级，为高感。经农业农村部稻米及制品质量监督检测测试中心 2017—2018 年检测，平均整精米率 52.4%，长宽比 3.3，垩白粒率 19.5%，垩白度 3.4%，透明度 1 级，胶稠度 70 毫米，直链淀粉含量 15.2%，米质各项指标综合评价两年均为食用稻品种品质部颁普通。该品种 2018 年同步完成区域试验和生产试验。

3. 隆两优 606：系浙江科诚种业股份有限公司、温州市农业科学院联合选育，该品种第一年参试。2018 年试验平均亩产 639.5 千克，比对照中浙优 8 号增产 4.7%，达极显著水平，增产点率 83.0%。全生育期 134 天，比对照中浙优 8 号长 1 天。该品种亩有效穗数 12.6 万穗，株高 118.2 厘米，每穗总粒数 255.4 粒，每穗实粒数 223.7 粒，结实率 87.2%，≤70%点数 0 个，千粒重 26.4 克。经浙江省农业科学院植物保护与微生物研究所 2018 年抗性鉴定，苗叶瘟平均 2.7 级，穗瘟发病率平均 8.5 级，穗瘟损失率平均5.0级，综合指数5.9，为中感；白叶枯病5.6级，为感；褐飞虱9级，为高感。经农业农村部稻米及制品质量监督检测测试中心2018年检测，平均整精米率52.9%，长宽比3.1，垩白粒率13%，垩白度1.4%，透明度2级，胶稠度72毫米，直链淀粉含量22.8%，米质各项指标综合评价为食用稻品种品质部颁普通，食味评价71分。该品种抗性不符合审定标准，下一年度试验终止。

4. 荃优929：系中国水稻研究所、浙江可得丰种业有限公司联合选育，该品种第一年参试。2018年试验平均亩产688.2千克，比对照中浙优8号增产12.7%，达极显著水平，增产点率100.0%。全生育期129天，比对照中浙优8号短4天。该品种亩有效穗数14.5万穗，株高109.8厘米，每穗总粒数209.5粒，每穗实粒数190.8粒，结实率90.9%，≤70%点数0个，千粒重27.7克。经浙江省农业科学院植物保护与微生物研究所2018年抗性鉴定，苗叶瘟平均2.3级，穗瘟发病率平均6.5级，穗瘟损失率平均3.5级，综合指数4.1，为中感；白叶枯病4.5级，为中感；褐飞虱9级，为高感。经农业农村部稻米及制品质量监督检测测试中心2018年检测，平均整精米率42.8%，长宽比3.0，垩白粒率10%，垩白度1.3%，透明度2级，胶稠度74毫米，直链淀粉含量17.2%，米质各项指标综合评价为食用稻品种品质部颁普通，食味评价78分。该品种符合审定标准，下一年度续试，生产试验同步进行。

5. 泰两优1516：系浙江科诚种业股份有限公司选育，该品种第一年参试。2018年试验平均亩产623.5千克，比对照中浙优8号增产2.1%，未达显著水平，增产点率75.0%。全生育期125天，比对照中浙优8号短8天。该品种亩有效穗数16.5万穗，株高101.9厘米，每穗总粒数172.2粒，每穗实粒数156.7粒，结实率90.7%，≤70%点数0个，千粒重24.8克。经浙江省农业科学院植物保护与微生物研究所2018年抗性鉴定，苗叶瘟平均3.7级，穗瘟发病率平均8.5级，穗瘟损失率平均4.5级，综合指数5.4，为中感；白叶枯病3级，为中抗。经农业农村部稻米及制品质量监督检测测试中心2018年检测，平均整精米率33.9%，长宽比3.2，垩白粒率8%，垩白度1.3%，透明度2级，胶稠度74毫米，直链淀粉含量15.0%，米质各项指标综合评价为食用稻品种品质部颁普通，食味评价77分。该品种符合审定标准，下一年度续试，生产试验同步进行。

6. 广优8318：系台州市农业科学研究院、浙江勿忘农种业股份有限公司联合选育，该品种第一年参试。2018年试验平均亩产637.3千克，比对照中浙优8号增产4.4%，达极显著水平，增产点率75.0%。全生育期132天，比对照中浙优8号短1天。该品种亩有效穗数15.2万穗，株高119.4厘米，每穗总粒数219.4粒，每穗实粒数191.8粒，结实率86.9%，≤70%点数0个，千粒重24.5克。经浙江省农业科学院植物保护与微生物研究所2018年抗性鉴定，苗叶瘟平均1.7级，穗瘟发病率平均6级，穗瘟损失率平均2.5级，综合指数3.5，为中抗；白叶枯病5级，为中感；褐飞虱9级，为高感。经农业农村部稻米及制品质量监督检测测试中心2018年检测，平均整精米率41.5%，长宽比3，垩白粒率11%，垩白度1.3%，透明度2级，胶稠度74毫米，直链淀粉含量17.1%，米质各项指标综合评价为食用稻品种品质部颁普通，食味评价78分。该品种符合审定标准，下一年度续试。

7. 深两优689：系温州欣禾农业科技有限公司、温州市农业科学院联合选育，该品种第一年参试。2018年试验平均亩产642.4千克，比对照中浙优8号增产5.2%，达极显著水平，增产点率75.0%。全生育期132天，比对照中浙优8号短1天。该品种亩有效穗数14.4万穗，株高112.2厘米，每穗总粒数190.8粒，每穗实粒数174.4粒，结实率91.1%，≤70%点数0个，千粒重26.5克。经浙江省农业科学院植物保护与微生物研究所2018年抗性鉴定，苗叶瘟平均4级，穗瘟发病率平均8级，穗瘟损失率平均3.5级，综合指数5.3，为中感；白叶枯病5级，为中感；褐飞虱9级，为高感。经农业农村部稻米及制品质量监督检测测试中心 2018 年检测，平均整精米率 49.1%，长宽比 3.3，垩白粒率 8%，垩白度 0.8%，透明度 2 级，胶稠度 72 毫米，直链淀粉含量 15.6%，米质各项指标综合评价为食用稻品种品质部颁普通，食味评价 78 分。该品种符合审定标准，下一年度续试，生产试验同步进行。

8. 钱优 9299：系浙江勿忘农种业股份有限公司选育，该品种第一年参试。2018 年试验平均亩产 658.2 千克，比对照中浙优 8 号增产 7.8%，达极显著水平，增产点率 83.0%。全生育期 130 天，比对照中浙优 8 号短 3 天。该品种亩有效穗数 15.6 万穗，株高 111.6 厘米，每穗总粒数 220.4 粒，每穗实粒数 177.8 粒，结实率 80.6%，≤70% 点数 0 个，千粒重 26.9 克。经浙江省农业科学院植物保护与微生物研究所 2018 年抗性鉴定，苗叶瘟平均 1.3 级，穗瘟发病率平均 5.5 级，穗瘟损失率平均 2 级，综合指数 2.9，为中抗；白叶枯病 6.6 级，为感；褐飞虱 9 级，为高感。经农业农村部稻米及制品质量监督检测测试中心 2018 年检测，平均整精米率 43.7%，长宽比 2.8，垩白粒率 25%，垩白度 3.1%，透明度 2 级，胶稠度 68 毫米，直链淀粉含量 22.8%，米质各项指标综合评价为食用稻品种品质部颁普通，食味评价 74 分。该品种符合审定标准，下一年度续试，生产试验同步进行。

9. 浙两优 272：系浙江农科种业有限公司、浙江省农业科学院作物与核技术利用研究所联合选育，该品种第一年参试。2018 年试验平均亩产 663.0 千克，比对照中浙优 8 号增产 8.6%，达极显著水平，增产点率 91.0%。全生育期 130 天，比对照中浙优 8 号短 3 天。该品种亩有效穗数 12.9 万穗，株高 104.5 厘米，每穗总粒数 260.9 粒，每穗实粒数 219.5 粒，结实率 84.1%，≤70% 点数 0 个，千粒重 25.6 克。经浙江省农业科学院植物保护与微生物研究所 2018 年抗性鉴定，苗叶瘟平均 2.3 级，穗瘟发病率平均 7.5 级，穗瘟损失率平均 3 级，综合指数 4.4，为中感；白叶枯病 4.7 级，为中感；褐飞虱 9 级，为高感。经农业农村部稻米及制品质量监督检测测试中心 2018 年检测，平均整精米率 50.9%，长宽比 2.7，垩白粒率 13%，垩白度 1.7%，透明度 2 级，胶稠度 81 毫米，直链淀粉含量 23.2%，米质各项指标综合评价为食用稻品种品质部颁普通，食味评价 72 分。该品种符合审定标准，下一年度续试，生产试验同步进行。

（二）B2 组区域试验

1. 安两优 30：系浙江可得丰种业有限公司选育，该品种第二年参试。2018 年试验平均亩产 663.0 千克，比对照两优培九增产 5.2%，达极显著水平，增产点率 100.0%；2017 年试验平均亩产 631.9 千克，比对照两优培九增产 7.4%，达极显著水平；两年区域试验平均亩产 647.4 千克，比对照两优培九增产 6.2%。两年平均全生育期 133.5 天，比对照两优培九长 0.5 天。该品种两年平均亩有效穗数 14.7 万穗，株高 119.8 厘米，每穗总粒数 183.8 粒，每穗实粒数 158.2 粒，结实率 85.8%，≤70% 点数 0.5 个，千粒重 28.4 克。经浙江省农业科学院植物保护与微生物研究所 2017—2018 年抗性鉴定（此处按两年较差数据计），苗叶瘟平均 3.5 级，穗瘟发病率平均 5 级，穗瘟损失率平均 2.3 级，综合指数 3.9，为中抗；白叶枯病 4.7 级，为中感；褐飞虱 9 级，为高感。经农业农村部稻米及制品质量监督检测测试中心 2017—2018 年检测，平均整精米率 41.8%，长宽比 3.2，垩白粒率 20%，垩白度 3.2%，透明度 2 级，胶稠度 77 毫米，直链淀粉含量 15.2%，米质各项指标综合评价两年均为食用稻品种品质部颁普通。该品种 2018 年同步完成区域试验和生产试验。

2. 钱优 9255：系浙江勿忘农种业股份有限公司、浙江省农业科学院作物与核技术利用研究所联合选育，该品种第二年参试。2018 年试验平均亩产 673.9 千克，比对照两优培九增产 6.9%，达极显著水平，增产点率 100.0%。2017 年试验平均亩产 630.2 千克，比对照两优培九增产 7.1%，达极显著水平；两年区域试验平均亩产 652.0 千克，比对照两优培九增产 7.0%。两年平均全生育期 134 天，比对照两优培九长 1 天。该品种两年平均亩有效穗数 14.5 万穗，株高 118.2 厘米，每穗总粒数 225.9 粒，每穗实粒数 194.9 粒，结实率 86.3%，≤70%点数 0.5 个，千粒重 25.0 克。经浙江省农业科学院植物保护与微生物研究所 2017—2018 年抗性鉴定（此处按两年较差数据计），苗叶瘟平均 2.7 级，穗瘟发病率平均 5.7 级，穗瘟损失率平均 3.7 级，综合指数 4.3，为中感；白叶枯病 5.8 级，为感；褐飞虱 9 级，为高感。经农业农村部稻米及制品质量监督检测测试中心 2017—2018 年检测，平均整精米率 48.8%，长宽比 2.7，垩白粒率 9%，垩白度 1.6%，透明度 2 级，胶稠度 77 毫米，直链淀粉含量 14.3%，米质各项指标综合评价两年均为食用稻品种品质部颁普通。该品种米质不符合审定标准，下一年度试验终止。

3. 荃优 802：系中国水稻研究所、浙江勿忘农种业股份有限公司联合选育，该品种第一年参试。2018 年试验平均亩产 683.4 千克，比对照中浙优 8 号增产 10.2%，达极显著水平，增产点率 100.0%。全生育期 127 天，比对照中浙优 8 号短 7 天。该品种亩有效穗数 25.5 万穗，株高 108.0 厘米，每穗总粒数 208.4 粒，每穗实粒数 189.4 粒，结实率 90.2%，≤70%点数 0 个，千粒重 28.2 克。经浙江省农业科学院植物保护与微生物研究所 2018 年抗性鉴定，苗叶瘟平均 4.3 级，穗瘟发病率平均 9 级，穗瘟损失率平均 5.5 级，综合指数 6.5，为感；白叶枯病 5.5 级，为感；褐飞虱 9 级，为高感。经农业农村部稻米及制品质量监督检测测试中心 2018 年检测，平均整精米率 27.5%，长宽比 3.1，垩白粒率 23%，垩白度 3.2%，透明度 2 级，胶稠度 58 毫米，直链淀粉含量 20.7%，米质各项指标综合评价为食用稻品种品质部颁普通，食味评价 74 分。该品种抗性不符合审定标准，下一年度试验终止。

4. 泰两优晶丝苗：系浙江科原种业有限公司、温州市农业科学研究院、深圳粤香种业科技有限公司联合选育，该品种第一年参试。2018 年试验平均亩产 638.4 千克，比对照中浙优 8 号增产 3.0%，未达显著水平，增产点率 66.0%。全生育期 132 天，比对照中浙优 8 号短 2 天。该品种亩有效穗数 15.2 万穗，株高 100.7 厘米，每穗总粒数 217.0 粒，每穗实粒数 189.0 粒，结实率 86.6%，≤70%点数 0 个，千粒重 23.8 克。经浙江省农业科学院植物保护与微生物研究所 2018 年抗性鉴定，苗叶瘟平均 0.7 级，穗瘟发病率平均 7.5 级，穗瘟损失率平均 3.5 级，综合指数 3.9，为中抗；白叶枯病 3.5 级，为中感；褐飞虱 9 级，为高感。经农业农村部稻米及制品质量监督检测测试中心 2018 年检测，平均整精米率 50.9%，长宽比 3.1，垩白粒率 4%，垩白度 0.7%，透明度 2 级，胶稠度 76 毫米，直链淀粉含量 14.6%，米质各项指标综合评价为食用稻品种品质部颁普通，食味评价 79 分。该品种符合审定标准，下一年度续试，生产试验同步进行。

5. 荃优 GSR1：系中国水稻研究所、安徽荃银高科种业股份有限公司联合选育，该品种第一年参试。2018 年试验平均亩产 682.0 千克，比对照中浙优 8 号增产 10.0%，达极显著水平，增产点率 100.0%。全生育期 130 天，比对照中浙优 8 号短 4 天。该品种亩有效穗数 13.9 万穗，株高 112.7 厘米，每穗总粒数 212.9 粒，每穗实粒数 192.1 粒，结实率 89.9%，≤70%点数 0 个，千粒重 27.1 克。经浙江省农业科学院植物保护与微生物研究所 2018 年抗性鉴定，苗叶瘟平均 1.7 级，穗瘟发病率平均 7.0 级，穗瘟损失率平均 3.5 级，综合指数 4.0，为中抗；白叶枯病 6.5 级，为感；褐飞虱 9 级，为高感。经农业农村部稻米及制品质量监督检测测试中心 2018 年检测，平均整精米率 54.3%，长宽比 3.0，垩白粒率 5%，垩白度 0.8%，透明度 2 级，胶稠度 76 毫米，直链淀粉含量 15.0%，米质各项指标综合评价为食用稻品种品质部颁三等，食味评价 79 分。该品种符合审定标准，下一年度续试，生产试验同步进行。

6. 创两优 9331：系中国水稻研究所、浙江可得丰种业有限公司联合选育，该品种第一年参试。2018 年试验平均亩产 659.9 千克，比对照中浙优 8 号增产 6.4%，达极显著水平，增产点率 100.0%。全生育期 132 天，比对照中浙优 8 号短 2 天。该品种亩有效穗数 14.9 万穗，株高 115.1 厘米，每穗总粒数 190.5 粒，每穗实粒数 166.3 粒，结实率 86.9%，≤70%点数 0 个，千粒重 28.2 克。经浙江省农业科学院植物保护与微生物研究所 2018 年抗性鉴定，苗叶瘟平均 2.3 级，穗瘟发病率平均 6 级，穗瘟损失率平均 3.5 级，综合指数 4.3，为中感；白叶枯病 4.8 级，为中感；褐飞虱 9 级，为高感。经农业农村部稻米及制品质量监督检测测试中心 2018 年检测，平均整精米率 42.9%，长宽比 3.2，垩白粒率 8%，垩白度 1.4%，透明度 2 级，胶稠度 75 毫米，直链淀粉含量 23.3%，米质各项指标综合评价为食用稻品种品质部颁普通，食味评价 74 分。该品种符合审定标准，下一年度续试。

7. 沪旱优 61：系中国水稻研究所、浙江农科种业有限公司联合选育，该品种第一年参试。2018 年试验平均亩产 673.1 千克，比对照中浙优 8 号增产 8.6%，达极显著水平，增产点率 100.0%。全生育期 134 天，与对照中浙优 8 号相同。该品种亩有效穗数 13.6 万穗，株高 115.8 厘米，每穗总粒数 235.7 粒，每穗实粒数 196.5 粒，结实率 83.6%，≤70%点数 0 个，千粒重 27.7 克。经浙江省农业科学院植物保护与微生物研究所 2018 年抗性鉴定，苗叶瘟平均 1.3 级，穗瘟发病率平均 4 级，穗瘟损失率平均 1 级，综合指数 2.3，为中抗；白叶枯病 5 级，为中感；褐飞虱 9 级，为高感。经农业农村部稻米及制品质量监督检测测试中心 2018 年检测，平均整精米率 48.7%，长宽比 3.0，垩白粒率 13%，垩白度 1.1%，透明度 2 级，胶稠度 80 毫米，直链淀粉含量 15.7%，米质各项指标综合评价为食用稻品种品质部颁普通，食味评价 84 分。该品种符合审定标准，下一年度续试，生产试验同步进行。

8. 中浙优 366：系浙江勿忘农种业股份有限公司选育，该品种第一年参试。2018 年试验平均亩产 550.8 千克，比对照中浙优 8 号减产 11.2%，达极显著水平，增产点率 33.0%。全生育期 132 天，比对照中浙优 8 号短 2 天。该品种亩有效穗数 12.4 万穗，株高 114.5 厘米，每穗总粒数 196.2 粒，每穗实粒数 156.4 粒，结实率 79.4%，≤70%点数 0 个，千粒重 27.2 克。经浙江省农业科学院植物保护与微生物研究所 2018 年抗性鉴定，苗叶瘟平均 2.3 级，穗瘟发病率平均 8 级，穗瘟损失率平均 4 级，综合指数 4.8，为中感；白叶枯病 7.7 级，为高感；褐飞虱 9 级，为高感。经农业农村部稻米及制品质量监督检测测试中心 2018 年检测，平均整精米率 32.0%，长宽比 2.9，垩白粒率 7%，垩白度 1.2%，透明度 2 级，胶稠度 79 毫米，直链淀粉含量 13.2%，米质各项指标综合评价为食用稻品种品质部颁普通，食味评价 80 分。该品种不符合审定标准，下一年度试验终止。

9. 浙两优 2534：系浙江农科种业有限公司、广东省农业科学院水稻研究所、浙江省农业科学院作物与核技术利用研究所联合选育，该品种第一年参试。2018 年试验平均亩产 670.4 千克，比对照中浙优 8 号增产 8.1%，达极显著水平，增产点率 91.0%。全生育期 129 天，比对照中浙优 8 号短 5 天。该品种亩有效穗数 15.8 万穗，株高 106.1 厘米，每穗总粒数 216.2 粒，每穗实粒数 194.3 粒，结实率 89.5%，≤70%点数 0 个，千粒重 22.2 克。经浙江省农业科学院植物保护与微生物研究所 2018 年抗性鉴定，苗叶瘟平均 1.3 级，穗瘟发病率平均 6.5 级，穗瘟损失率平均 3.5 级，综合指数 3.9，为中抗；白叶枯病 5.5 级，为感；褐飞虱 9 级，为高感。经农业农村部稻米及制品质量监督检测测试中心 2018 年检测，平均整精米率 58.6%，长宽比 3.3，垩白粒率 5%，垩白度 0.6%，透明度 2 级，胶稠度 81 毫米，直链淀粉含量 23.1%，米质各项指标综合评价为食用稻品种品质部颁普通，食味评价 74 分。该品种符合审定标准，下一年度续试，生产试验同步进行。

10. 泰两优 503：系浙江科诚种业股份有限公司、温州市农业科学院联合选育，该品种第一年参试。2018 年试验平均亩产 611.1 千克，比对照中浙优 8 号减产 1.4%，未达显著水平，增产点率 58.0%。全生育期 133 天，比对照中浙优 8 号短 1 天。该品种亩有效穗数 14.5 万穗，株高 109.9 厘米，每穗总粒数 206.5 粒，每穗实粒数 183.0 粒，结实率 88.3%，≤70%点数 0 个，千粒重 23.5 克。经浙江省农业科学院植物保护与微生物研究所 2018 年抗性鉴定，苗叶瘟平均 3.7 级，穗瘟发病率平均 6 级，穗瘟损失率平均 3 级，综合指数 4.5，为中感；白叶枯病 4.7 级，为中感；褐飞虱 9 级，为高感。经农业农村部稻米及制品质量监督检测测试中心 2018 年检测，平均整精米率 34.3%，长宽比 3.3，垩白粒率 9%，垩白度 1.4%，透明度 2 级，胶稠度 76 毫米，直链淀粉含量 14.3%，米质各项指标综合评价为食用稻品种品质部颁普通，食味评价 81 分。该品种不符合审定标准，下一年度试验终止。

（三）B3 组区域试验

1. 野香优 17：系中国水稻研究所、浙江国稻高科技种业有限公司联合选育，该品种第一年参试。2018 年试验平均亩产 578.8 千克，比对照中浙优 8 号减产 6.0%，达极显著水平，增产点率 33.0%。全生育期 124 天，比对照中浙优 8 号短 10 天。该品种亩有效穗数 13.7 万穗，株高 109.8 厘米，每穗总粒数 243.2 粒，每穗实粒数 210.6 粒，结实率 86.4%，≤70%点数 0 个，千粒重 20.2 克。经浙江省农业科学院植物保护与微生物研究所 2018 年抗性鉴定，苗叶瘟平均 0.7 级，穗瘟发病率平均 6.5 级，穗瘟损失率平均 4 级，综合指数 3.9，为中抗；白叶枯病 6.6 级，为感；褐飞虱 9 级，为高感。经农业农村部稻米及制品质量监督检测测试中心 2018 年检测，平均整精米率 55.3%，长宽比 3.4，垩白粒率 3%，垩白度 0.5%，透明度 1 级，胶稠度 72 毫米，直链淀粉含量 13.5%，米质各项指标综合评价为食用稻品种品质部颁二等，食味评价 76 分。该品种符合审定标准，下一年度续试。

2. 华浙优 26：系浙江勿忘农种业股份有限公司选育，该品种第一年参试。2018 年试验平均亩产 596.7 千克，比对照中浙优 8 号减产 3.1%，未达显著水平，增产点率 58.0%。全生育期 124 天，比对照中浙优 8 号短 10 天。该品种亩有效穗数 14.4 万穗，株高 110.5 厘米，每穗总粒数 202.4 粒，每穗实粒数 178.8 粒，结实率 88.3%，≤70%点数 0 个，千粒重 24.3 克。经浙江省农业科学院植物保护与微生物研究所 2018 年抗性鉴定，苗叶瘟平均 1.3 级，穗瘟发病率平均 7.5 级，穗瘟损失率平均 4 级，综合指数 4.4，为中感；白叶枯病 2.7 级，为中抗；褐飞虱 9 级，为高感。经农业农村部稻米及制品质量监督检测测试中心 2018 年检测，平均整精米率 37.4%，长宽比 3.3，垩白粒率 1%，垩白度 0.1%，透明度 2 级，胶稠度 76 毫米，直链淀粉含量 13.6%，米质各项指标综合评价为食用稻品种品质部颁普通，食味评价 80 分。该品种产量不符合审定标准，下一年度试验终止。

3. 浙大两优 168：系浙江绿巨人生物技术有限公司选育，该品种第一年参试。2018 年试验平均亩产 642.8 千克，比对照中浙优 8 号增产 4.4%，达显著水平，增产点率 83.0%。全生育期 128 天，比对照中浙优 8 号短 6 天。该品种亩有效穗数 16.5 万穗，株高 106.8 厘米，每穗总粒数 164.0 粒，每穗实粒数 149.2 粒，结实率 90.8%，≤70%点数 0 个，千粒重 24.5 克。经浙江省农业科学院植物保护与微生物研究所 2018 年抗性鉴定，苗叶瘟平均 2.7 级，穗瘟发病率平均 8 级，穗瘟损失率平均 4.5 级，综合指数 5，为中感；白叶枯病 3 级，为中抗；褐飞虱 9 级，为高感。经农业农村部稻米及制品质量监督检测测试中心 2018 年检测，平均整精米率 48.6%，长宽比 3.0，垩白粒率 9%，垩白度 0.6%，透明度 2 级，胶稠度 74 毫米，直链淀粉含量 12.8%，米质各项指标综合评价为食用稻品种品质部颁普通，食味评价 77 分。

该品种符合审定标准，下一年度续试，生产试验同步进行。

4. V两优越丰占：系浙江科原种业有限公司、深圳粤香种业科技有限公司联合选育，该品种第一年参试。2018年试验平均亩产662.3千克，比对照中浙优8号增产7.5%，达极显著水平，增产点率100.0%。全生育期135天，比对照中浙优8号长1天。该品种亩有效穗数13.5万穗，株高110.6厘米，每穗总粒数239.1粒，每穗实粒数203.6粒，结实率84.6%，≤70%点数0个，千粒重25.1克。经浙江省农业科学院植物保护与微生物研究所2018年抗性鉴定，苗叶瘟平均1.7级，穗瘟发病率平均6.5级，穗瘟损失率平均3级，综合指数3.6，为中抗；白叶枯病5级，为中感；褐飞虱9级，为高感。经农业农村部稻米及制品质量监督检测测试中心2018年检测，平均整精米率52.2%，长宽比3.1，垩白粒率9%，垩白度1.2%，透明度2级，胶稠度75毫米，直链淀粉含量12.9%，米质各项指标综合评价为食用稻品种品质部颁普通，食味评价79分。该品种符合审定标准，下一年度续试，生产试验同步进行。

5. V两优699：系浙江科诚种业股份有限公司选育，该品种第一年参试。2018年试验平均亩产623.4千克，比对照中浙优8号增产1.2%，达显著水平，增产点率75.0%。全生育期134天，与对照中浙优8号相同。该品种亩有效穗数13.8万穗，株高113.8厘米，每穗总粒数185.6粒，每穗实粒数168.9粒，结实率91.3%，≤70%点数0个，千粒重26.9克。经浙江省农业科学院植物保护与微生物研究所2018年抗性鉴定，苗叶瘟平均2.7级，穗瘟发病率平均6.5级，穗瘟损失率平均3.5级，综合指数4.1，为中感；白叶枯病5.6级，为感；褐飞虱9级，为高感。经农业农村部稻米及制品质量监督检测测试中心2018年检测，平均整精米率54.9%，长宽比3.3，垩白粒率5%，垩白度0.5%，透明度2级，胶稠度72毫米，直链淀粉含量14.8%，米质各项指标综合评价为食用稻品种品质部颁三等，食味评价77分。该品种产量不符合审定标准，下一年度试验终止。

6. 旱优198：系浙江雨辉农业科技有限公司、上海天谷生物科技股份有限公司联合选育，该品种第一年参试。2018年试验平均亩产596.7千克，比对照中浙优8号减产3.1%，未达显著水平，增产点率50.0%。全生育期130天，比对照中浙优8号短4天。该品种亩有效穗数13.1万穗，株高126.2厘米，每穗总粒数196.3粒，每穗实粒数178.4粒，结实率90.8%，≤70%点数0个，千粒重26.2克。经浙江省农业科学院植物保护与微生物研究所2018年抗性鉴定，苗叶瘟平均0.7级，穗瘟发病率平均5.5级，穗瘟损失率平均3级，综合指数3.1，为中抗；白叶枯病7.9级，为高感。经农业农村部稻米及制品质量监督检测测试中心2018年检测，平均整精米率56.9%，长宽比2.8，垩白粒率5%，垩白度1.0%，透明度1级，胶稠度73毫米，直链淀粉含量15.4%，米质各项指标综合评价为食用稻品种品质部颁二等，食味评价78分。该品种符合审定标准，下一年度续试，生产试验同步进行。

7. ZF优71：系中国水稻研究所、浙江勿忘农种业股份有限公司联合选育，该品种第一年参试。2018年试验平均亩产598.1千克，比对照中浙优8号减产2.9%，未达显著水平，增产点率50.0%。全生育期127天，比对照中浙优8号短7天。该品种亩有效穗数10.9万穗，株高114.7厘米，每穗总粒数220.0粒，每穗实粒数191.7粒，结实率86.7%，≤70%点数0个，千粒重29.0克。经浙江省农业科学院植物保护与微生物研究所2018年抗性鉴定，苗叶瘟平均1级，穗瘟发病率平均8.5级，穗瘟损失率平均6级，综合指数5.6，为中感；白叶枯病6.5级，为感；褐飞虱9级，为高感。经农业农村部稻米及制品质量监督检测测试中心2018年检测，平均整精米率34.5%，长宽比3.0，垩白粒率7%，垩白度0.4%，透明度2级，胶稠度78毫米，直链淀粉含量13.1%，米质各项指标综合评价为食用稻品种品质部颁普通，食味评价79分。该品种不符合审定标准，下一年度试验终止。

8. 九优 9262：系浙江省农业科学院、浙江农科种业有限公司联合选育，该品种第一年参试。2018年试验平均亩产 616.4 千克，比对照中浙优 8 号增产 0.1%，未达显著水平，增产点率 66.0%。全生育期 127 天，比对照中浙优 8 号短 7 天。该品种亩有效穗数 13.0 万穗，株高 114.8 厘米，每穗总粒数 193.8 粒，每穗实粒数 169.2 粒，结实率 87.1%，≤70%点数 0 个，千粒重 33.6 克。经浙江省农业科学院植物保护与微生物研究所 2018 年抗性鉴定，苗叶瘟平均 3.3 级，穗瘟发病率平均 8 级，穗瘟损失率平均 3.5 级，综合指数 5，为中感；白叶枯病 5 级，为中感；褐飞虱 9 级，为高感。经农业农村部稻米及制品质量监督检测测试中心 2018 年检测，平均整精米率 24.8%，长宽比 3.0，垩白粒率 32%，垩白度 5.3%，透明度 2 级，胶稠度 54 毫米，直链淀粉含量 21.6%，米质各项指标综合评价为食用稻品种品质部颁普通，食味评价 73 分。该品种产量不符合审定标准，下一年度试验终止。

9. 旌 3 优 8012：系中国水稻研究所、浙江国稻高科技种业有限公司联合选育，该品种第一年参试。2018 年试验平均亩产 655.7 千克，比对照中浙优 8 号增产 6.5%，达极显著水平，增产点率 91.0%。全生育期 133 天，比对照中浙优 8 号短 1 天。该品种亩有效穗数 13.8 万穗，株高 113.2 厘米，每穗总粒数 220.7 粒，每穗实粒数 183.1 粒，结实率 83.0%，≤70%点数 0 个，千粒重 25.0 克。经浙江省农业科学院植物保护与微生物研究所 2018 年抗性鉴定，苗叶瘟平均 1.3 级，穗瘟发病率平均 8 级，穗瘟损失率平均 4 级，综合指数 4.5，为中感；白叶枯病 7.5 级，为高感；褐飞虱 9 级，为高感。经农业农村部稻米及制品质量监督检测测试中心 2018 年检测，平均整精米率 30.9%，长宽比 3.2，垩白粒率 16%，垩白度 1.7%，透明度 2 级，胶稠度 78 毫米，直链淀粉含量 22.0%，米质各项指标综合评价为食用稻品种品质部颁普通，食味评价 74 分。该品种符合审定标准，下一年度续试。

10. 荃优 1707：系中国水稻研究所 、浙江国稻高科技种业有限公司联合选育，该品种第一年参试。2018 年试验平均亩产 606.3 千克，比对照中浙优 8 号减产 1.6%，未达显著水平，增产点率 75.0%。全生育期 132 天，比对照中浙优 8 号短 2 天。该品种亩有效穗数 12.4 万穗，株高 117.6 厘米，每穗总粒数 193.2 粒，每穗实粒数 173.9 粒，结实率 89.1%，≤70%点数 0 个，千粒重 30.4 克。经浙江省农业科学院植物保护与微生物研究所 2018 年抗性鉴定，苗叶瘟平均 1.7 级，穗瘟发病率平均 8.5 级，穗瘟损失率平均 5.5 级，综合指数 5.9，为中感；白叶枯病 4.5 级，为中感；褐飞虱 9 级，为高感。经农业农村部稻米及制品质量监督检测测试中心 2018 年检测，平均整精米率 35.0%，长宽比 3.1，垩白粒率 18%，垩白度 3.2%，透明度 2 级，胶稠度 78 毫米，直链淀粉含量 13.5%，米质各项指标综合评价为食用稻品种品质部颁普通，食味评价 83 分。该品种不符合审定标准，下一年度试验终止。

（四）生产试验

1. 申两优 412：系浙江雨辉农业科技有限公司、上海天谷生物科技股份有限公司联合选育，该品种第二年参试。2018 年试验平均亩产 624.5 千克，比对照两优培九减产 0.2%，未达显著水平，增产点率 66%；2017 年试验平均亩产 621.6 千克，比对照两优培九增产 6.6%，达极显著水平；两年区域试验平均亩产 623.1 千克，比对照两优培九增产 3.1%。2018 年生产试验平均亩产 593.5 千克，比对照增产 1.7%。两年区域试验平均全生育期 128 天，比对照两优培九短 4.5 天。该品种亩有效穗数 15.1 万穗，株高 115.4 厘米，每穗总粒数 218.2 粒，每穗实粒数 190.3 粒，结实率 86.9%，千粒重 24.8 克。经浙江省农业科学院植物保护与微生物研究所 2017—2018 年抗性鉴定，穗瘟损失率最高 5 级，稻瘟病综合指数为 5.3；白叶枯病最高 7 级；褐飞虱最高 9 级。经上海市农业生物基因中心 2017—2018 年鉴定，抗旱等级均为 3 级，为中抗。经农业部稻米及制品质量监督检测中心 2017—2018 年检测，平均整精米率 43.4%，长宽比 3.2，垩白粒率 14.5%，垩白度 2.8%，透明度 2 级，胶稠度 58.5 毫米，直链淀粉含量 18.5%，米质综合指标两年均为食用稻品种品质部颁普通，食味评价 80 分。该品种产量不符合审定标准，未通过初审。

2. 泰两优 1413：系浙江科原种业有限公司、温州市农业科学院、深圳粤香种业科技有限公司联合选育，该品种第二年参试。2018 年试验平均亩产 649.3 千克，比对照两优培九增产 3.8%，达极显著水平，增产点率 83%；2017 年试验平均亩产 617.0 千克，比对照两优培九增产 5.8%，达极显著水平；两年区域试验平均亩产 633.2 千克，比对照增产 4.7%。2018 年生产试验平均亩产 618.6 千克，比对照增产 6.0%。两年区域试验平均全生育期 131 天，比对照两优培九短 1.5 天。该品种亩有效穗数 15.5 万穗，株高 116.4 厘米，每穗总粒数 183.2 粒，每穗实粒数 165 粒，结实率 89.8%，千粒重 26.5 克。经浙江省农业科学院植物保护与微生物研究所 2017—2018 年抗性鉴定，穗瘟损失率最高 5 级，稻瘟病综合指数为 5.3；白叶枯病最高 7 级；褐飞虱最高 9 级。经农业部稻米及制品质量监督检测中心 2017—2018 年检测，平均整精米率 52.4%，长宽比 3.3，垩白粒率 19.5%，垩白度 3.4%，透明度 1 级，胶稠度 70 毫米，直链淀粉含量 15.2%，米质综合指标均为食用稻品种品质部颁普通，食味评价 81 分。该品种符合审定标准，通过初审，提交审定。

3. 安两优 30：系浙江可得丰种业有限公司选育，该品种第二年参试。2018 年试验平均亩产 663.0 千克，比对照两优培九增产 5.2%，达极显著水平，增产点率 100%；2017 年试验平均亩产 630.2 千克，比对照两优培九增产 7.1%，达极显著水平；两年区域试验平均亩产 647.4 千克，比对照增产 6.2%。2018 年生产试验平均亩产 628.2 千克，比对照增产 9.2%。两年平均全生育期 133.5 天，比对照两优培九长 0.5 天。该品种两年平均亩有效穗数 14.7 万穗，株高 119.8 厘米，每穗总粒数 183.8 粒，每穗实粒数 158.2 粒，结实率 85.8%，≤70%点数 0 个，千粒重 28.4 克。经浙江省农业科学院植物保护与微生物研究所 2017—2018 年抗性鉴定，苗叶瘟平均 3.5 级，穗瘟发病率平均 5 级，穗瘟损失率平均 2.3 级，综合指数 3.9，为中抗；白叶枯病 4.7 级，为中感；褐飞虱 9 级，为高感。经农业农村部稻米及制品质量监督检测测试中心 2017—2018 年检测，平均整精米率 41.8%，长宽比 3.2，垩白粒率 20%，垩白度 3.2%，透明度 2 级，胶稠度 77 毫米，直链淀粉含量 15.2%，米质各项指标综合评价两年均为食用稻品种品质部颁普通。该品种米质不符合审定标准，未通过初审。

相关结果见表 1～表 18。

表 1　2018 年浙江省单季杂交籼稻（B1 组）区域试验和生产试验参试品种和申请（供种）单位表

试验类别	品种名称	类型	亲本	申请（供种）单位
区域试验	申两优 412（续）	籼杂	申早 1S×早恢 412	浙江雨辉农业科技有限公司、上海天谷生物科技股份有限公司
	泰两优 1413（续）	籼杂	泰 1S×R1413	浙江科原种业有限公司、温州市农业科学院、深圳粤香种业科技有限公司
	隆两优 606	籼杂	隆科 638S×温恢 606	浙江科诚种业股份有限公司、温州市农业科学院
	荃优 929	籼杂	9311A×中恢 929	中国水稻研究所、浙江可得丰种业有限公司
	泰两优 1516	籼杂	泰 1S×R1516	浙江科诚种业股份有限公司
	广优 8318	籼杂	广 8A×台恢 8318	台州市农业科学研究院、浙江勿忘农种业股份有限公司

（续表）

试验类别	品种名称	类型	亲本	申请（供种）单位
区域试验	深两优 689	籼杂	深 08S×R689	温州欣禾农业科技有限公司、温州市农业科学院
	钱优 9299	籼杂	钱江 1 号 A×浙恢 9299	浙江勿忘农种业股份有限公司
	浙两优 272	籼杂	浙科 17S×浙恢 272	浙江农科种业有限公司、浙江省农业科学院作物与核技术利用研究所
	中浙优 8 号（CK1）	籼杂	中浙 A×T-8	浙江勿忘农种业股份有限公司
	两优培九（CK2）	籼杂	培矮 64S×9311	浙江省种子管理总站
生产试验	申两优 412	籼杂	申旱 1S×旱恢 412	浙江雨辉农业科技有限公司、上海天谷生物科技股份有限公司
	泰两优 1413	籼杂	泰 1S×R1413	浙江科原种业有限公司、温州市农业科学院、深圳粤香种业科技有限公司
	两优培九（CK2）	籼杂	培矮 64S×9311	浙江省种子管理总站

表2 2018 年浙江省单季杂交籼稻（B2 组）区域试验和生产试验参试品种和申请（供种）单位表

试验类别	品种名称	类型	亲本	申请（供种）单位
区域试验	安两优 30（续）	籼杂	7S×中恢 9330	浙江可得丰种业有限公司
	钱优 9255（续）	籼杂	钱江 1 号×浙恢 9255	浙江勿忘农种业股份有限公司、浙江省农业科学院作物与核技术利用研究所
	荃优 802	籼杂	荃 9311A×中恢 802	中国水稻研究所、浙江勿忘农种业股份有限公司
	泰两优晶丝苗	籼杂	泰 IS×晶丝苗	浙江科原种业有限公司、温州市农业科学研究院、深圳粤香种业科技有限公司
	荃优 GSR1	籼杂	荃 9311A×GSR1	中国水稻研究所/安徽荃银高科种业股份有限公司
	创两优 9331	籼杂	创富 S×R9331	中国水稻研究所、浙江可得丰种业有限公司
	沪旱优 61	籼杂	沪旱 7A×中恢 61	中国水稻研究所、浙江农科种业有限公司
	中浙优 366	籼杂	中浙 3A×F1666	浙江勿忘农种业股份有限公司
	浙两优 2534	籼杂	浙科 52S×五山丝苗	浙江农科种业有限公司、广东省农业科学院水稻研究所、浙江省农业科学院作物与核技术利用研究所
	泰两优 503	籼杂	泰 IS×R503	浙江科诚种业股份有限公司、温州市农业科学院
	中浙优 8 号（CK1）	籼杂	中浙 A×T-8	浙江勿忘农种业股份有限公司
	两优培九（CK2）	籼杂	培矮 64S×9311	浙江省种子管理总站
生产试验	安两优 30	籼杂	7S×中恢 9330	浙江可得丰种业有限公司
	两优培九（CK2）	籼杂	培矮 64S×9311	浙江省种子管理总站

表3　2018 年浙江省单季杂交籼稻（B3 组）区域试验参试品种和申请（供种）单位表

试验类别	品种名称	类型	亲本	申请（供种）单位
区域试验	野香优 17	籼杂	野香 A×16HT-17	中国水稻研究所、浙江国稻高科技种业有限公司
	华浙优 26	籼杂	华浙 2A×恢 26	浙江勿忘农种业股份有限公司
	浙大两优 168	籼杂	NHR111S×ZF-68	浙江绿巨人生物技术有限公司
	V 两优越丰占	籼杂	V18S×越丰占	浙江科原种业有限公司、深圳粤香种业科技有限公司
	V 两优 699	籼杂	V18S×温恢 699	浙江科诚种业股份有限公司
	旱优 198	籼杂	旱 7A×旱恢 198	浙江雨辉农业科技有限公司、上海天谷生物科技股份有限公司
	ZF 优 71	籼杂	ZFA×华恢 71	中国水稻研究所、浙江勿忘农种业股份有限公司
	九优 9262	籼杂	9311A×R9262	浙江省农业科学院、浙江农科种业有限公司
	旌 3 优 8012	籼杂	旌 3A×中恢 8012	中国水稻研究所、浙江国稻高科技种业有限公司
	荃优 1707	籼杂	荃 9311A×R1707	中国水稻研究所、浙江国稻高科技种业有限公司
	中浙优 8 号（CK1）	籼杂	中浙 A×T-8	浙江勿忘农种业股份有限公司

表4　2017—2018 年浙江省单季杂交籼稻（B1 组）区域试验和生产试验参试品种产量表

试验类别	品种名称	2018 年						2017 年			两年平均	
		亩产/千克	亩产与对照1比较/%	亩产与对照2比较/%	增产点率/%	差异显著性 0.05	差异显著性 0.01	亩产/千克	亩产与对照2比较/%	差异显著性	亩产/千克	亩产与对照2比较/%
区域试验	泰两优 1413（续）	649.3	/	3.8	83.0	bcd	BC	617.0	5.8	**	633.2	4.7
	两优培九（CK2）	625.8	/	0.0	/	ef	DE	583.2	0.0	/	604.5	0.0
	申两优 412（续）	624.5	/	-0.2	66.0	ef	DE	621.6	6.6	**	623.1	3.1
	荃优 929	688.2	12.7	/	100.0	a	A	/	/	/	/	/
	浙两优 272	663.0	8.6	/	91.0	b	B	/	/	/	/	/
	钱优 9299	658.2	7.8	/	83.0	bc	BC	/	/	/	/	/
	深两优 689	642.4	5.2	/	75.0	cde	BCD	/	/	/	/	/
	隆两优 606	639.5	4.7	/	83.0	cde	CD	/	/	/	/	/
	广优 8318	637.3	4.4	/	75.0	de	CD	/	/	/	/	/
	泰两优 1516	623.5	2.1	/	75.0	ef	DE	/	/	/	/	/
	中浙优 8 号（CK1）	610.7	0.0	/	/	f	E	/	/	/	/	/
生产试验	泰两优 1413	618.6	/	6.0	88.9	/	/	/	/	/	/	/
	申两优 412	593.5	/	1.7	55.6	/	/	/	/	/	/	/
	两优培九（CK2）	583.7	/	0.0	/	/	/	/	/	/	/	/

注：**表示差异达极显著水平；*表示差异达显著水平。

表5 2017—2018年浙江省单季杂交籼稻（B2组）区域试验和生产试验参试品种产量表

试验类别	品种名称	2018年						2017年			两年平均	
		亩产/千克	亩产与对照1比较/%	亩产与对照2比较/%	增产点率/%	差异显著性		亩产/千克	亩产与对照2比较/%	差异显著性	亩产/千克	亩产与对照2比较/%
						0.05	0.01					
区域试验	钱优9255（续）	673.9	/	6.9	100.0	abc	AB	630.2	7.1	**	652.0	7.0
	安两优30（续）	663.0	/	5.2	100.0	bc	AB	631.9	7.4	**	647.4	6.2
	两优培九（CK2）	630.2	/	0.0	/	de	DE	588.5	0.0	/	609.4	0.0
	荃优802	683.4	10.2	/	100.0	a	A	/	/	/	/	/
	荃优GSR1	682.0	10.0	/	100.0	ab	AB	/	/	/	/	/
	沪旱优61	673.1	8.6	/	100.0	abc	AB	/	/	/	/	/
	浙两优2534	670.4	8.1	/	91.0	abc	AB	/	/	/	/	/
	创两优9331	659.9	6.4	/	100.0	c	BC	/	/	/	/	/
	泰两优晶丝苗	638.4	3.0	/	66.0	d	CD	/	/	/	/	/
	中浙优8号（CK1）	620.0	0.0	/	/	de	DE	/	/	/	/	/
	泰两优503	611.1	−1.4	/	58.0	e	E	/	/	/	/	/
	中浙优366	550.8	−11.2	/	33.0	f	F	/	/	/	/	/
生产试验	安两优30	628.2	/	9.2	100.0	/	/	/	/	/	/	/
	两优培九（CK2）	575.5	/	0.0	/	/	/	/	/	/	/	/

注：**表示差异达极显著水平；*表示差异达显著水平。

表6 2018年浙江省单季杂交籼稻（B3组）区域试验参试品种产量表

试验类别	品种名称	2018年				
		亩产/千克	亩产与对照1比较/%	增产点率/%	差异显著性	
					0.05	0.01
区域试验	V两优越丰占	662.3	7.5	100.0	a	A
	旌3优8012	655.7	6.5	91.0	a	A
	浙大两优168	642.8	4.4	83.0	ab	AB
	V两优699	623.4	1.2	75.0	b	BC
	九优9262	616.4	0.1	66.0	c	BC
	中浙优8号（CK1）	615.9	0.0	/	c	BC
	荃优1707	606.3	−1.6	75.0	c	CD
	ZF优71	598.1	−2.9	50.0	cd	CD
	旱优198	596.7	−3.1	50.0	cd	CD
	华浙优26	596.7	−3.1	58.0	cd	CD
	野香优17	578.8	−6.0	33.0	d	D

表7 2017—2018年浙江省单季杂交籼稻（B1组）区域试验参试品种经济性状表

品种名称	年份	全生育期/天	全生育期比对照1比较/天	全生育期比对照2比较/天	基本苗数/（万株/亩）	有效穗数/（万穗/亩）	株高/厘米	总粒数/（粒/穗）	实粒数/（粒/穗）	结实率/%	≤70%点数	千粒重/克
申两优412（续）	2018	127	/	-4	2.3	14.7	107.3	215.5	191.2	88.6	0	24.9
	2017	129	/	-5	3.4	15.6	123.5	220.9	189.4	85.3	0	24.7
	平均	128	/	-4.5	2.8	15.1	115.4	218.2	190.3	86.9	0	24.8
泰两优1413（续）	2018	131	/	0	2.8	15.3	110.6	177.8	160.7	90.1	0	26.3
	2017	131	/	-3	3.1	15.8	122.3	188.5	169.3	89.6	0	26.7
	平均	131	/	-1.5	2.9	15.5	116.4	183.2	165.0	89.8	0	26.5
隆两优606	2018	134	1	/	2.3	12.6	118.2	255.4	223.7	87.2	0	26.4
荃优929	2018	129	-4	/	2.4	14.5	109.8	209.5	190.8	90.9	0	27.7
泰两优1516	2018	125	-8	/	2.8	16.5	101.9	172.2	156.7	90.7	0	24.8
广优8318	2018	132	-1	/	2.4	15.2	119.4	219.4	191.8	86.9	0	24.5
深两优689	2018	132	-1	/	2.6	14.4	112.2	190.8	174.4	91.1	0	26.5
钱优9299	2018	130	-3	/	3.0	15.6	111.6	220.4	177.8	80.6	0	26.9
浙两优272	2018	130	-3	/	2.6	12.9	104.5	260.9	219.5	84.1	0	25.6
中浙优8号（CK1）	2018	133	0	2	2.7	14.0	121.7	203.8	180.9	88.5	0	24.7
两优培九（CK2）	2018	131	-2	0	2.7	14.5	112.9	201.9	175.1	86.1	0	26.4

表8 2017—2018年浙江省单季杂交籼稻（B2组）区域试验参试品种经济性状表

品种名称	年份	全生育期/天	全生育期与对照1比较/天	全生育期与对照2比较/天	基本苗数（万株/亩）	有效穗数（万穗/亩）	株高/厘米	总粒数（粒/穗）	实粒数（粒/穗）	结实率/%	≤70%点数	千粒重/克
安两优30（续）	2018	133	/	1	2.8	14.1	114.8	186.0	164.2	88.0	0	28.7
	2017	134	/	0	3.2	15.3	124.8	181.7	152.2	83.7	1	28.1
	平均	133.5	/	0.5	3.0	14.7	119.8	183.8	158.2	85.8	0.5	28.4
钱优9255（续）	2018	133	/	1	2.6	13.8	112.3	241.8	210.4	86.6	0	25.6
	2017	135	/	1	3.0	15.3	124.0	209.9	179.5	85.5	1	24.5
	平均	134	/	1	2.8	14.5	118.2	225.9	194.9	86.3	0.5	25.0
荃优802	2018	127	-7	/	2.9	25.5	108.0	208.4	189.4	90.2	0	28.2
泰两优晶丝苗	2018	132	-2	/	2.7	15.2	100.7	217.0	189.0	86.6	0	23.8
荃优GSR1	2018	130	-4	/	2.9	13.9	112.7	212.9	192.1	89.9	0	27.1
创两优9331	2018	132	-2	/	2.9	14.9	115.1	190.5	166.3	86.9	0	28.2
沪旱优61	2018	134	0	/	2.5	13.6	115.8	235.7	196.5	83.6	0	27.7
中浙优366	2018	132	-2	/	2.5	12.4	114.5	196.2	156.4	79.4	0	27.2
浙两优2534	2018	129	-5	/	3.0	15.8	106.1	216.2	194.3	89.5	0	22.2
泰两优503	2018	133	-1	/	2.4	14.5	109.9	206.5	183.0	88.3	0	23.5
中浙优8号（CK1）	2018	134	0	2	2.6	14.2	121.2	212.8	186.6	87.4	0	25.0
两优培九（CK2）	2018	132	-2	0	3.0	14.4	113.7	197.0	168.0	85.0	0	26.4

表 9　2018 年浙江省单季杂交籼稻（B3 组）区域试验参试品种经济性状表

品种名称	年份	全生育期/天	全生育期与对照 1 比较/天	基本苗数/（万株/亩）	有效穗数/（万穗/亩）	株高/厘米	总粒数/（粒/穗）	实粒数/（粒/穗）	结实率/%	≤70%点数	千粒重/克
野香优 17	2018	124	-10	2.7	13.7	109.8	243.2	210.6	86.4	0	20.2
华浙优 26	2018	124	-10	2.8	14.4	110.5	202.4	178.8	88.3	0	24.3
浙大两优 168	2018	128	-6	2.8	16.5	106.8	164.0	149.2	90.8	0	24.5
V 两优越丰占	2018	135	1	2.4	13.5	110.6	239.1	203.6	84.6	0	25.1
V 两优 699	2018	134	0	2.5	13.8	113.8	185.6	168.9	91.3	0	26.9
旱优 198	2018	130	-4	2.5	13.1	126.2	196.3	178.4	90.8	0	26.2
ZF 优 71	2018	127	-7	2.4	10.9	114.7	220.0	191.7	86.7	0	29.0
九优 9262	2018	127	-7	2.5	13.0	114.8	193.8	169.2	87.1	0	33.6
旌 3 优 8012	2018	133	-1	2.6	13.8	113.2	220.7	183.1	83.0	0	25.0
荃优 1707	2018	132	-2	2.5	12.4	117.6	193.2	173.9	89.1	0	30.4
中浙优 8 号（CK1）	2018	134	0	2.8	13.8	123.0	207.8	184.0	88.5	0	24.6

表 10　2017—2018 年浙江省单季杂交籼稻（B1 组）区域试验参试品种主要病虫害抗性表

品种名称	年份	稻瘟病								白叶枯病			褐飞虱	
		苗叶瘟		穗瘟发病率		穗瘟损失率		综合指数	抗性评价	平均级	最高级	抗性评价	抗性等级	抗性评价
		平均级	最高级	平均级	最高级	平均级	最高级							
泰两优 1516	2018	3.7	4	8.5	9	4.5	5	5.4	中感	3.0	3	中抗	/	/
荃优 929	2018	2.3	3	6.5	7	3.5	5	4.1	中感	4.5	5	中感	9	高感
申两优 412（续）	2018	1.7	2	6.5	9	3.5	5	3.9	中抗	5.7	7	感	9	高感
	2017	2.0	4	7.0	7	5.0	5	5.3	中感	5.0	5	中感	9	高感
浙两优 272	2018	2.3	4	7.5	9	3.0	3	4.4	中感	4.7	5	中感	9	高感
广优 8318	2018	1.7	3	6.0	7	2.5	3	3.5	中抗	5.0	5	中感	9	高感
两优培九（CK2）	2018	2.3	3	8.0	9	5.0	7	5.3	中感	4.6	5	中感	9	高感
泰两优 1413（续）	2018	5.0	6	8.0	9	3.5	5	5.3	中感	4.6	5	中感	9	高感
	2017	3.3	5	5.7	7	2.3	3	3.8	中抗	5.6	7	感	9	高感
中浙优 8 号（CK1）	2018	2.7	3	7.0	9	4.0	5	4.5	中感	8.4	9	高感	9	高感
钱优 9299	2018	1.3	2	5.5	7	2.0	3	2.9	中抗	6.6	7	感	9	高感
隆两优 606	2018	2.7	5	8.5	9	5.0	7	5.9	中感	5.6	7	感	9	高感
深两优 689	2018	4.0	6	8.0	9	3.5	5	5.3	中感	5.0	5	中感	9	高感

表11　2017—2018年浙江省单季杂交籼稻（B2组）区域试验参试品种主要病虫害抗性表

品种名称	年份	稻瘟病								白叶枯病			褐飞虱	
		苗叶瘟		穗瘟发病率		穗瘟损失率		综合指数	抗性评价	平均级	最高级	抗性评价	抗性等级	抗性评价
		平均级	最高级	平均级	最高级	平均级	最高级							
安两优30（续）	2018	3.3	5	6.5	7	1.5	3	3.6	中抗	4.5	5	中感	9	高感
	2017	3.5	6	5.0	7	2.3	3	3.9	中抗	4.7	5.0	中感	9	高感
泰两优晶丝苗	2018	0.7	1	7.5	9	3.5	5	3.9	中抗	3.5	5	中感	9	高感
荃优GSR1	2018	1.7	2	7.0	9	3.5	5	4.0	中抗	6.5	7	感	9	高感
泰两优503	2018	3.7	6	6.0	7	3.0	3	4.5	中感	4.7	5	中感	9	高感
钱优9255（续）	2018	1.3	2	5.5	7	3.0	3	3.4	中抗	6.3	7	感	9	高感
	2017	2.7	4	5.7	7	3.7	5	4.3	中感	5.8	7	感	9	高感
荃优802	2018	4.3	6	9.0	9	5.5	7	6.5	感	5.5	7	感	9	高感
中浙优8号（CK1）	2018	1.7	2	7.0	9	4.5	7	4.5	中感	7.0	9	高感	9	高感
创两优9331	2018	2.3	4	6.0	7	3.5	5	4.3	中感	4.8	5	中感	9	高感
沪旱优61	2018	1.3	3	4.0	5	1.0	1	2.3	中抗	5.0	5	中感	9	高感
两优培九（CK2）	2018	1.7	3	8.0	9	6.0	9	5.8	中感	5.0	5	中感	9	高感
浙两优2534	2018	1.3	2	6.5	9	3.5	5	3.9	中抗	5.5	7	感	9	高感
中浙优366	2018	2.3	3	8.0	9	4.0	5	4.8	中感	7.7	9	高感	9	高感

表12　2018年浙江省单季杂交籼稻（B3组）区域试验参试品种主要病虫害抗性表

品种名称	年份	稻瘟病								白叶枯病			褐飞虱	
		苗叶瘟		穗瘟发病率		穗瘟损失率		综合指数	抗性评价	平均级	最高级	抗性评价	抗性等级	抗性评价
		平均级	最高级	平均级	最高级	平均级	最高级							
野香优17	2018	0.7	1	6.5	9	4.0	5	3.9	中抗	6.6	7	感	9	高感
浙大两优168	2018	2.7	3	8.0	9	4.5	5	5.0	中感	3.0	3	中抗	9	高感
华浙优26	2018	1.3	2	7.5	9	4.0	5	4.4	中感	2.7	3	中抗	9	高感
旌3优8012	2018	1.3	2	8.0	9	4.0	5	4.5	中感	7.5	9	高感	9	高感
V两优699	2018	2.7	3	6.5	9	3.5	5	4.1	中感	5.6	7	感	9	高感
中浙优8号（CK1）	2018	1.3	2	8.5	9	5.0	7	5.1	中感	7.8	9	高感	9	高感
V两优越丰占	2018	1.7	2	6.5	9	3.0	5	3.6	中抗	5.0	5	中感	9	高感
荃优1707	2018	1.7	4	8.5	9	5.5	7	5.9	中感	4.5	5	中感	9	高感
九优9262	2018	3.3	5	8.0	9	3.5	5	5.0	中感	5.0	5	中感	9	高感
旱优198	2018	0.7	1	5.5	7	3.0	5	3.1	中抗	7.9	9	高感	/	/
ZF优71	2018	1.0	2	8.5	9	6.0	7	5.6	中感	6.5	7	感	9	高感

表 13　2017—2018 年浙江省单季杂交籼稻（B1 组）区域试验参试品种米质表

品种名称	年份	供样地点	糙米率/%	精米率/%	整精米率/%	粒长/毫米	长宽比	垩白粒率/%	垩白度/%	透明度/级	碱消值/级	胶稠度/毫米	直链淀粉含量/%	蛋白质含量/%	等级	食味评价
申两优 412（续）	2018	诸暨	81.7	72.1	30.3	7.0	3.3	6	0.6	2	5.0	79	16.1	7.0	普通	80
	2017		80.7	72.1	56.4	6.6	3.1	23	4.9	2	6.2	38	20.8	8.1	普通	/
	平均		81.2	72.1	43.4	6.8	3.2	15	2.8	2	5.6	59	18.5	7.6	/	/
泰两优 1413（续）	2018	诸暨	80.2	71.7	51.4	7.1	3.4	12	1.5	1	6.3	74	15.7	7.1	普通	81
	2017		79.9	72.3	53.3	6.7	3.2	27	5.2	1	6.3	66	14.7	8.0	普通	/
	平均		80.1	72.0	52.4	6.9	3.3	19.5	3.4	1	6.3	70	15.2	7.6	/	/
隆两优 606	2018	诸暨	81.5	72.0	52.9	6.9	3.1	13	1.4	2	5.2	72	22.8	7.2	普通	71
荃优 929	2018	诸暨	81.3	71.8	42.8	6.8	3.0	10	1.3	2	6.2	74	17.2	7.0	普通	78
泰两优 1516	2018	诸暨	80.9	71.3	33.9	6.8	3.2	8	1.3	2	6.3	74	15.0	7.5	普通	77
广优 8318	2018	诸暨	82.1	73.2	41.5	6.7	3.0	11	1.3	2	6.2	74	17.1	7.2	普通	78
深两优 689	2018	诸暨	80.4	71.4	49.1	7.0	3.3	8	0.8	2	6.5	72	15.6	7.2	普通	78
钱优 9299	2018	诸暨	82.3	73.4	43.7	6.6	2.8	25	3.1	2	5.5	68	22.8	7.4	普通	74
浙两优 272	2018	诸暨	82.2	73.1	50.9	6.2	2.7	13	1.7	2	5.0	81	23.2	7.0	普通	72
中浙优 8 号（CK1）	2018	诸暨	82.0	73.5	38.4	6.8	3.2	6	1.4	2	5.0	79	14.7	7.5	普通	80
两优培九（CK2）	2018	诸暨	82.2	74.0	54.6	6.9	3.1	38	4.1	2	6.2	82	22.8	7.8	普通	72

表14 2017—2018年浙江省单季交杂交籼稻（B2组）区域试验参试品种米质表

品种名称	年份	供样地点	糙米率/%	精米率/%	整精米率/%	粒长/毫米	长宽比	垩白粒率/%	垩白度/%	透明度/级	碱消值/级	胶稠度/毫米	直链淀粉含量/%	蛋白质含量/%	等级	食味评价
安两优30（续）	2018		81.7	73.0	38.7	7.1	3.2	8	1.2	2	5.2	76	15.4	7.2	普通	79
	2017	诸暨	81.7	72.6	44.8	7.1	3.2	32	5.2	2	5.2	78	15.0	7.7	普通	/
	平均		81.7	72.8	41.8	7.1	3.2	20	3.2	2	5.2	77	15.2	7.5	/	/
钱优9255（续）	2018		81.0	71.5	46.6	6.2	2.7	4	0.7	2	4.0	79	14.7	7.1	普通	77
	2017	诸暨	80.7	71.7	51.0	6.2	2.7	13	2.5	2	4.8	74	13.9	7.8	普通	/
	平均		80.9	71.6	48.8	6.2	2.7	9	1.6	2	4.4	77	14.3	7.5	/	/
荃优802	2018	丽水	81.9	71.4	27.5	7.1	3.1	23	3.2	2	6.5	58	20.7	8.2	普通	74
泰两优晶丝苗	2018	诸暨	81.2	70.2	50.9	6.6	3.1	4	0.7	2	5.5	76	14.6	7.2	普通	79
荃优GSR1	2018	诸暨	81.6	72.0	54.3	6.8	3.0	5	0.8	2	6.2	76	15.0	7.2	三等	79
创两优9331	2018	诸暨	81.4	72.5	42.9	7.1	3.2	8	1.4	2	6.0	75	23.3	6.8	普通	74
沪旱优61	2018	诸暨	81.4	72.2	48.7	7.1	3.0	13	1.1	2	5.0	80	15.7	7.5	普通	84
中浙优366	2018	诸暨	82.2	73.8	32.0	6.6	2.9	7	1.2	2	4.3	79	13.2	8.2	普通	80
浙两优2534	2018	诸暨	82.5	72.6	58.6	6.8	3.3	5	0.6	2	6.5	81	23.1	7.2	普通	74
泰两优503	2018	丽水	80.8	69.3	34.3	6.6	3.3	9	1.4	2	6.0	76	14.3	7.8	普通	81
中浙优8号（CK1）	2018	诸暨	82.1	72.3	38.1	6.8	3.2	2	0.2	2	5.2	77	13.4	7.7	普通	80
两优培九（CK2）	2018	诸暨	81.9	72.1	53.3	6.8	3.0	23	3.3	2	5.2	80	22.4	7.8	普通	75

表15 2018年浙江省单季杂交籼稻（B3组）区域试验参试品种米质表

品种名称	年份	供样地点	糙米率/%	精米率/%	整精米率/%	粒长/毫米	长宽比	垩白粒率/%	垩白度/%	透明度/级	碱消值/级	胶稠度/毫米	直链淀粉含量/%	蛋白质含量/%	等级	食味评价
香优17	2018	诸暨	80.9	71.9	55.3	6.4	3.4	3	0.5	1	7.0	72	13.5	7.1	三等	76
华浙优26	2018	诸暨	81.4	72.8	37.4	6.9	3.3	1	0.1	2	5.2	76	13.6	6.9	普通	80
浙大两优168	2018	诸暨	81.0	70.1	48.6	6.7	3.0	9	0.6	2	4.3	74	12.8	7.3	普通	77
V两优越丰占	2018	诸暨	81.2	71.4	52.2	6.6	3.1	9	1.2	2	5.8	75	12.9	6.9	普通	79
V两优699	2018	诸暨	79.4	70.0	54.9	7.0	3.3	5	0.5	2	6.7	72	14.8	7.0	三等	77
阜优198	2018	诸暨	81.2	73.3	56.9	6.5	2.8	5	1.0	1	6.5	73	15.4	7.0	三等	78
ZF优71	2018	诸暨	82.2	73.3	34.5	6.9	3.0	7	0.4	2	5.0	78	13.1	6.9	普通	79
九优9262	2018	丽水	82.6	69.7	24.8	7.3	3.0	32	5.3	2	6.7	54	21.6	8.3	普通	73
旌3优8012	2018	诸暨	81.8	73.0	30.9	6.8	3.2	16	1.7	2	5.0	78	22.0	6.6	普通	74
荃优1707	2018	丽水	81.7	71.4	35.0	7.2	3.1	18	3.2	2	5.2	78	13.5	7.6	普通	83
中浙优8号（CK1）	2018	诸暨	82.1	72.8	37.8	7.0	3.3	3	0.2	1	5.5	78	13.5	7.2	普通	80

表 16　2018 年浙江省单季杂交籼稻（B1 组）区域试验和生产试验参试品种各试点产量表

单位：千克/亩

试验类别	品种名称	建德	丽水	临安	浦江	衢州	嵊州所	台州	温农科	新昌	诸国家	可得丰	景宁
区域试验	申两优 412（续）	725.83	534.83	631.50	657.67	613.33	561.67	614.50	605.83	/	675.67	/	/
	泰两优 1413（续）	744.17	611.83	614.33	705.67	660.83	565.83	594.50	676.00	/	670.67	/	/
	隆两优 606	746.67	573.17	462.83	659.67	627.50	642.50	738.83	632.83	/	671.17	/	/
	荃优 929	804.17	685.50	620.33	736.83	620.67	655.83	701.67	667.83	/	701.17	/	/
	泰两优 1516	691.67	572.00	562.67	685.00	619.33	607.50	624.00	611.17	/	637.67	/	/
	广优 8318	746.67	604.50	550.00	648.50	633.33	580.83	699.17	620.67	/	652.00	/	/
	深两优 689	724.17	629.17	575.50	691.50	641.00	622.50	612.50	637.50	/	647.33	/	/
	钱优 9299	808.33	630.67	551.67	658.50	628.83	584.17	721.50	638.67	/	701.17	/	/
	浙两优 272	760.83	680.50	624.00	714.83	632.00	621.67	642.00	627.67	/	663.33	/	/
	中浙优 8 号（CK1）	665.00	569.83	578.33	668.67	567.00	570.00	630.83	578.33	/	668.50	/	/
	两优培九（CK2）	729.17	599.67	570.67	653.33	586.50	603.33	646.17	603.67	/	639.33	/	/
生产试验	泰两优 1413	785.90	/	/	661.42	548.70	/	573.87	609.02	662.73	577.35	538.14	610.40
	申两优 412	727.19	/	/	619.36	537.88	/	606.58	599.80	630.31	572.87	454.87	592.91
	两优培九（CK2）	722.51	/	/	638.62	505.61	/	622.20	538.48	638.96	565.02	533.56	488.20

表 17　2018 年浙江省单季杂交籼稻（B2 组）区域试验和生产试验参试品种各试点产量表

单位：千克/亩

试验类别	品种名称	建德	丽水	临安	浦江	衢州	嵊州所	台州	温农科	新昌	诸国家	可得丰	景宁
区域试验	安两优 30（续）	805.83	633.17	620.67	646.17	601.33	603.33	717.00	665.00	/	674.17	/	/
	钱优 9255（续）	815.00	629.17	590.67	642.00	613.00	631.67	751.33	694.17	/	697.67	/	/
	荃优 802	790.83	652.33	653.00	691.17	631.33	650.00	701.67	714.17	/	666.50	/	/
	泰两优晶丝苗	733.33	587.50	602.00	599.33	656.00	572.50	626.83	706.50	/	661.67	/	/
	荃优 GSR1	798.33	709.17	664.67	694.33	604.67	575.83	735.00	683.50	/	672.33	/	/
	创两优 9331	756.67	604.50	620.50	664.00	623.00	580.83	713.50	682.33	/	694.00	/	/
	沪旱优 61	808.33	600.67	658.50	664.00	660.83	634.17	671.50	664.17	/	695.67	/	/
	中浙优 366	610.83	516.83	521.50	683.00	538.67	440.00	534.83	540.50	/	570.67	/	/
	浙两优 2534	745.00	686.83	634.50	663.83	650.67	620.00	671.33	707.50	/	653.83	/	/
	泰两优 503	705.00	535.67	555.33	688.33	576.67	552.50	623.00	662.00	/	601.33	/	/
	中浙优 8 号（CK1）	685.00	586.67	589.83	643.50	563.33	574.17	637.00	636.83	/	663.50	/	/
	两优培九（CK2）	723.33	602.83	575.67	610.17	571.50	600.00	676.00	664.17	/	648.50	/	/

试验类别	品种名称	建德	丽水	临安	浦江	衢州	嵊州所	台州	温农科	新昌	诸国家	可得丰	景宁
生产试验	安两优 30	703.20	/	/	725.28	533.87	/	656.98	539.28	658.13	578.48	595.76	662.60
	两优培九（CK2）	652.60	/	/	665.88	505.61	/	629.00	508.62	638.96	560.54	523.94	494.40

表 18　2018 年浙江省单季杂交籼稻（B3 组）区域试验参试品种各试点产量表

单位：千克/亩

试验类别	品种名称	建德	丽水	临安	浦江	衢州	嵊州所	台州	温农科	新昌	诸国家	可得丰	景宁
区域试验	野香优 17	694.17	574.83	504.83	589.50	567.5	575.83	530.5	571.17	/	601.17	/	/
	华浙优 26	668.33	608.83	596.33	613.00	638.83	557.50	512.33	569.33	/	605.33	/	/
	浙大两优 168	718.33	628.33	620.67	646.67	683.33	645.83	612.83	557.67	/	671.17	/	/
	V 两优越丰占	739.17	654.00	602.50	680.50	673.83	606.67	651.33	656.33	/	696.33	/	/
	V 两优 699	661.67	612.83	604.17	720.50	641.00	585.83	595.33	570.17	/	619.17	/	/
	旱优 198	602.50	582.67	606.33	675.33	571.33	550.83	543.33	610.33	/	627.83	/	/
	ZF 优 71	676.67	571.67	595.50	714.50	553.00	531.67	543.67	582.33	/	614.17	/	/
	九优 9262	745.00	661.67	497.17	666.50	517.17	579.17	632.83	583.00	/	664.83	/	/
	旌 3 优 8012	766.67	688.67	605.00	699.50	569.83	620	651.00	596.67	/	704.00	/	/
	荃优 1707	726.67	580.00	291.67	728.50	588.67	576.67	636.67	656.83	/	671.00	/	/
	中浙优 8 号（CK1）	695.83	589.17	587.00	667.67	581.83	585	612.33	561.83	/	662.50	/	/

（李燕整理汇总）

2018年浙江省单季籼粳杂交稻区域试验总结

浙江省种子管理总站

一、试验概况

2018年浙江省单季籼粳杂交稻区域试验为2组：A组（偏籼）参试品种共12个（不包括对照，下同），其中，11个新参试品种，1个转组续试品种；B组（偏粳）参试品种10个，全部为新参试品种。区域试验采用随机区组排列，小区面积0.02亩，重复三次。试验四周设保护行，同组所有参试品种同期播种、移栽，其他田间管理与当地大田生产一致，试验田及时防治病虫害，试验观察记载按照《浙江省水稻区域试验和生产试验技术操作规程（试行）》执行。

本区域试验分别由中国水稻研究所、湖州市农业科学研究院、嘉兴市农业科学研究院、宁波市农业科学研究院、诸暨国家级区域试验站、嵊州市农业科学研究所、金华市农业科学研究院、衢州市种子管理站、台州市农业科学研究院、丽水市农业科学研究院、温州市原种场、温州市农业科学院12个单位承担。稻瘟病、稻曲病抗性鉴定委托浙江省农业科学院植物保护与微生物研究所（牵头）、温州市农业科学院、丽水市农业科学研究院、浙江大学农业试验站（长兴分站）、绍兴市农业科学研究院承担；白叶枯病抗性鉴定委托浙江省农业科学院植物保护与微生物研究所承担；褐飞虱抗性鉴定委托中国水稻研究所稻作中心承担；稻米品质测定委托农业部稻米及制品质量监督检验测试中心（杭州）承担；转基因检测委托农业部转基因植物环境安全鉴定检验测试中心（杭州）承担；DNA指纹检测委托农业部植物新品种测试中心（杭州）承担；籼粳指数委托中国水稻研究所和浙江省农业科学院承担。

二、试验结果

1. 产量：A组参试品种中，有4个品种较对照甬优1540增产，其中，增幅最大的是嘉丰优3号，增产3.6%；8个品种较对照甬优1540减产，减产幅度最大的是嘉优中科15-13，减产30.6%。B组参试品种中，有5个品种较对照甬优1540增产，其中，增幅最大的是诚优13，增产4.0%；5个品种较对照甬优1540减产，其中，甬优50减产幅度最大，为15.4%。

2. 生育期：A组参试品种生育期变幅为136～157天。其中，嘉禾优8号生育期最短，比对照甬优1540短8天；嘉优中科15-13生育期最长，比对照甬优1540长13天。B组参试品种生育期变幅为132～142天。其中，江浙优5028生育期最短，比对照甬优1540短1天；浙粳优1796生育期最长，比对照甬优1540长9天。

3. 抗性：A组参试品种2个品种抗稻瘟病，其余品种均为中抗；3个品种感白叶枯病，其余品种均为中感；3个品种中抗稻曲病；所有品种对褐飞虱均为高感。B组参试品种1个品种抗稻瘟病，其余品种均为中抗；2 个品种中抗白叶枯病，其余品种均为中感；3 个品种感稻曲病，其余品种均为中感；所有品种对褐飞虱均为高感。

4. 品质：A 组参试品种中 4 个品种米质为部颁二等，6 个品种为三等。B 组参试品种中 1 个品种为部颁一等，3 个品种为二等，4 个品种为三等。

三、品种简评

（一）A 组（籼粳交偏籼）

1. 嘉丰优 3 号：系浙江可得丰种业有限公司、嘉兴市农业科学研究院联合选育，该品种第二年参试。2018 年试验平均亩产 712.2 千克，比对照甬优 1540 增产 3.6%，达显著水平，增产点率 70%；2017 年试验平均亩产 654.4 千克，比对照甬优 1540 增产 11.2%，达极显著水平，增产点率 90%。2018 年全生育期 140 天，比对照甬优 1540 短 4 天。该品种两年平均亩有效穗数 12.3 万穗，株高 123.6 厘米，每穗总粒数 279.4 粒，每穗实粒数 238.2 粒，结实率 85.6%，≤70%点数 0 个，千粒重 26.5 克。经浙江省农业科学院植物保护与微生物研究所 2018 年抗性鉴定，苗叶瘟平均 0.7 级，穗瘟发病率平均 6.5 级，穗瘟损失率平均 3.0，综合指数 3.4，为中抗；白叶枯病平均 4.4 级，为感；稻曲病穗发病粒数平均 2.3 级，穗发病率平均 5.0 级，穗发病率 14%，为感；褐飞虱 9 级，为高感。经农业农村部稻米及制品质量监督检测测试中心 2017—2018 年检测，两年平均整精米率 42.3%，长宽比 2.7，垩白粒率 13%，垩白度 2.5%，透明度 2 级，胶稠度 76 毫米，直链淀粉含量 13.7%，米质各项指标综合评价两年均为食用稻品种品质部颁普通。该品种 2017 年在杂交籼稻组试验，2018 年转到籼粳杂交稻（偏籼）组续试，下一年度在籼粳杂交稻（偏籼）组续试。

2. 嘉禾优 6 号：系中国水稻研究所、嘉兴市农业科学研究院、浙江可得丰种业有限公司联合选育，该品种第一年参试。2018 年试验平均亩产 674.8 千克，比对照甬优 1540 减产 1.9%，未达显著水平，增产点率 50%。全生育期 152 天，比对照甬优 1540 长 8 天。该品种亩有效穗数 11.9 万穗，株高 132.1 厘米，每穗总粒数 277.9 粒，每穗实粒数 240.7 粒，结实率 86.9%，≤70%点数 0 个，千粒重 25.1 克。经浙江省农业科学院植物保护与微生物研究所 2018 年抗性鉴定，苗叶瘟平均 3.0 级，穗瘟发病率平均 4.7 级，穗瘟损失率平均 1.0 级，综合指数 2.9，为中抗；白叶枯病平均 3.8 级，为中感；稻曲病穗发病粒数平均 1.0 级，穗发病率平均 3 级，穗发病率 4%，为中抗；褐飞虱 9 级，为高感。经农业农村部稻米及制品质量监督检测测试中心 2018 年检测，平均整精米率 65.6%，长宽比 2.6，垩白粒率 7%，垩白度 1.0%，透明度 2 级，胶稠度 72 毫米，直链淀粉含量 14.9%，米质各项指标综合评价为食用稻品种品质部颁三等，食味评价 78 分。该品种产量不符合审定标准，下一年度试验终止。

3. 甬优 35：系宁波市种子有限公司选育，该品种第一年参试。2018 年试验平均亩产 701.6 千克，比对照甬优 1540 增产 2.0%，未达显著水平，增产点率 50%。全生育期 145 天，比对照甬优 1540 长 1 天。该品种亩有效穗数 12.6 万穗，株高 125.7 厘米，每穗总粒数 285.9 粒，每穗实粒数 249.8 粒，结实率 87.2%，≤70%点数 0 个，千粒重 23.3 克。经浙江省农业科学院植物保护与微生物研究所 2018 年抗性鉴定，苗叶瘟平均 1.3 级，穗瘟发病率平均 5.4 级，穗瘟损失率平均 2.0 级，综合指数 2.8，为中抗；白叶枯病平均 4.5 级，为中感；稻曲病穗发病粒数平均 1.5 级，穗发病率平均 2.5 级，穗发病率 8%，为中感；褐飞虱 9 级，为高感。经农业农村部稻米及制品质量监督检测测试中心 2018 年检测，平均整精米率 60.3%，长宽比 2.5，垩白粒率 18%，垩白度 2.9%，透明度 1 级，胶稠度 78 毫米，直链淀粉含量

15.5%，米质各项指标综合评价为食用稻品种品质部颁二等，食味评价 75 分。该品种与甬优 51 差异位点为 0，不符合审定标准，下一年度试验终止。

4. 长优 AP21：系金华市农业科学研究院、金华三才种业公司联合选育，该品种第一年参试。2018 年试验平均亩产 666.9 千克，比对照甬优 1540 减产 3.0%，未达显著水平，增产点率 50%。全生育期 145 天，比对照甬优 1540 长 1 天。该品种亩有效穗数 12.4 万穗，株高 122.8 厘米，每穗总粒数 319.5 粒，每穗实粒数 272.4 粒，结实率 85.0%，≤70%点数 0 个，千粒重 22.8 克。经浙江省农业科学院植物保护与微生物研究所 2018 年抗性鉴定，苗叶瘟平均 1.7 级，穗瘟发病率平均 5.7 级，穗瘟损失率平均 1.7 级，综合指数 3.0，为中抗；白叶枯病平均 5.0 级，为中感；稻曲病穗发病粒数平均 2.5 级，穗发病率平均 4.0 级，穗发病率 13%，为感；褐飞虱 9 级，为高感。经农业农村部稻米及制品质量监督检测测试中心 2018 年检测，平均整精米率 54.3%，长宽比 2.6，垩白粒率 10%，垩白度 1.4%，透明度 2 级，胶稠度 67 毫米，直链淀粉含量 14.5%，米质各项指标综合评价为食用稻品种品质部颁三等，食味评价 76 分。该品种产量不符合审定标准，下一年度试验终止。

5. 嘉优中科 15-13：系嘉兴市农业科学研究院、台州市台农种业有限公司联合选育，该品种第一年参试。2018 年试验平均亩产 477.1 千克，比对照甬优 1540 减产 30.6%，达极显著水平，增产点率 0%。全生育期 157 天，比对照甬优 1540 长 13 天。该品种亩有效穗数 12.3 万穗，株高 131.9 厘米，每穗总粒数 190.7 粒，每穗实粒数 144.4 粒，结实率 75.5%，≤70%点数 0 个，千粒重 29.9 克。经浙江省农业科学院植物保护与微生物研究所 2018 年抗性鉴定，苗叶瘟平均 2.3 级，穗瘟发病率平均 2.4 级，穗瘟损失率平均 1.0 级，综合指数 1.8，为抗；白叶枯病平均 3.5 级，为中感；稻曲病穗发病粒数平均 4.5 级，穗发病率平均 8.0 级，穗发病率 61%，为高感；褐飞虱 9 级，为高感。经农业农村部稻米及制品质量监督检测测试中心 2018 年检测，平均整精米率 55.2%，长宽比 3.2，垩白粒率 15%，垩白度 2.9%，透明度 2 级，胶稠度 77 毫米，直链淀粉含量 15.3%，米质各项指标综合评价为食用稻品种品质部颁二等，食味评价 81 分。该品种未通过现场考察，不符合审定标准，下一年度试验终止。

6. 杭优 8658：系杭州种业集团有限公司选育，该品种第一年参试。2018 年试验平均亩产 631.8 千克，比对照甬优 1540 减产 8.1%，达极显著水平，增产点率 0%。全生育期 145 天，比对照甬优 1540 长 1 天。该品种亩有效穗数 12.7 万穗，株高 118.4 厘米，每穗总粒数 319.8 粒，每穗实粒数 250.5 粒，结实率 77.9%，≤70%点数 0 个，千粒重 24.4 克。经浙江省农业科学院植物保护与微生物研究所 2018 年抗性鉴定，苗叶瘟平均 2.3 级，穗瘟发病率平均 6.0 级，穗瘟损失率平均 2.0 级，综合指数 3.5，为中抗；白叶枯病平均 4.6 级，为中感；稻曲病穗发病粒数平均 2.5 级，穗发病率平均 3.5 级，穗发病率 7%，为中感；褐飞虱 9 级，为高感。经农业农村部稻米及制品质量监督检测测试中心 2018 年检测，平均整精米率 54.7%，长宽比 2.6，垩白粒率 13%，垩白度 2.7%，透明度 2 级，胶稠度 70 毫米，直链淀粉含量 14.6%，米质各项指标综合评价为食用稻品种品质部颁三等，食味评价 78 分。该品种未通过现场考察，产量不符合审定标准，下一年度试验终止。

7. 嘉科优 11：系浙江科诚种业股份有限公司选育，该品种第一年参试。2018 年试验平均亩产 675.4 千克，比对照甬优 1540 减产 1.8%，未达显著水平，增产点率 60%。全生育期 146 天，比对照甬优 1540 长 2 天。该品种亩有效穗数 11.2 万穗，株高 131.1 厘米，每穗总粒数 294.6 粒，每穗实粒数 244.8 粒，结实率 83.0%，≤70%点数 0 个，千粒重 27 克。经浙江省农业科学院植物保护与微生物研究所 2018 年抗性鉴定，苗叶瘟平均 0.7 级，穗瘟发病率平均 4.4 级，穗瘟损失率平均 2.4 级，综合指数 2.5，为中抗；

白叶枯病平均 5.5 级，为感；稻曲病穗发病粒数平均 4.0 级，穗发病率平均 6.0 级，穗发病率 18%，为感；褐飞虱 9 级，为高感。经农业农村部稻米及制品质量监督检测测试中心 2018 年检测，平均整精米率 58.9%，长宽比 2.8，垩白粒率 8%，垩白度 1.1%，透明度 2 级，胶稠度 71 毫米，直链淀粉含量 14.6%，米质各项指标综合评价为食用稻品种品质部颁二等，食味评价 82 分。该品种符合审定标准，下一年度继试，生产试验同步进行。

8. 浙粳优 1726：系浙江省农业科学科院作物与核技术利用研究所、浙江勿忘农种业股份有限公司联合选育，该品种第一年参试。2018 年试验平均亩产 690.1 千克，比对照甬优 1540 增产 0.4%，未达显著水平，增产点率 50%。全生育期 145 天，比对照甬优 1540 长 1 天。该品种亩有效穗数 12.1 万穗，株高 137.2 厘米，每穗总粒数 275.9 粒，每穗实粒数 237.3 粒，结实率 85.8%，≤70%点数 0 个，千粒重 26.5 克。经浙江省农业科学院植物保护与微生物研究所 2018 年抗性鉴定，苗叶瘟平均 2.7 级，穗瘟发病率平均 4.4 级，穗瘟损失率平均 1.0 级，综合指数 2.6，为中抗；白叶枯病平均 3.0 级，为中抗；稻曲病穗发病粒数平均 2.0 级，穗发病率平均 3.5 级，穗发病率 8%，为中感；褐飞虱 9 级，为高感。经农业农村部稻米及制品质量监督检测测试中心 2018 年检测，平均整精米率 55.2%，长宽比 2.3，胶稠度 80 毫米，直链淀粉含量 11.8%，米质各项指标综合评价为食用稻品种品质部颁普通，食味评价 79 分。该品种产量不符合审定标准，下一年度试验终止。

9. 嘉禾优 8 号：系浙江勿忘农种业股份有限公司、中国水稻研究所、嘉兴市农业科学研究院联合选育，该品种第一年参试。2018 年试验平均亩产 650.3 千克，比对照甬优 1540 减产 5.4%，达极显著水平，增产点率 30%。全生育期 136 天，比对照甬优 1540 短 8 天。该品种亩有效穗数 12.9 万穗，株高 127.8 厘米，每穗总粒数 263.9 粒，每穗实粒数 224.4 粒，结实率 85.0%，≤70%点数 0 个，千粒重 27.2 克。经浙江省农业科学院植物保护与微生物研究所 2018 年抗性鉴定，苗叶瘟平均 0.7 级，穗瘟发病率平均 6.5 级，穗瘟损失率平均 4.0 级，综合指数 3.9，为中抗；白叶枯病平均 5 级，为中感；稻曲病穗发病粒数平均 1.3 级，穗发病率平均 2.5 级，穗发病率 5%，为中抗；褐飞虱 9 级，为高感。经农业农村部稻米及制品质量监督检测测试中心 2018 年检测，平均整精米率 54.4%，长宽比 2.7，垩白粒率 20%，垩白度 3.8%，透明度 2 级，胶稠度 70 毫米，直链淀粉含量 15.4%，米质各项指标综合评价为食用稻品种品质部颁三等，食味评价 77 分。该品种产量不符合审定标准，下一年度试验终止。

10. 甬优 51：系宁波市种子有限公司选育，该品种第一年参试。2018 年试验平均亩产 705.7 千克，比对照甬优 1540 增产 2.6%，未达显著水平，增产点率 60%。全生育期 144 天，与对照甬优 1540 相同。该品种亩有效穗数 12.7 万穗，株高 124.7 厘米，每穗总粒数 301.2 粒，每穗实粒数 265.3 粒，结实率 88.3%，≤70%点数 0 个，千粒重 24.0 克。经浙江省农业科学院植物保护与微生物研究所 2018 年抗性鉴定，苗叶瘟平均 1.0 级，穗瘟发病率平均 7.0 级，穗瘟损失率平均 2.0 级，综合指数 3.3，为中抗；白叶枯病平均 4.6 级，为中感；稻曲病穗发病粒数平均 3.0 级，穗发病率平均 5 级，穗发病率 9%，为中感；褐飞虱 9 级，为高感。经农业农村部稻米及制品质量监督检测测试中心 2018 年检测，平均整精米率 62.4%，长宽比 2.5，垩白粒率 15%，垩白度 3.0%，透明度 2 级，胶稠度 71 毫米，直链淀粉含量 16.4%，米质各项指标综合评价为食用稻品种品质部颁二等，食味评价 79 分。该品种符合审定标准，下一年度续试，生产试验同步进行。

11. 嘉诚优 58：系杭州众诚农业科技有限公司选育，该品种第一年参试。2018 年试验平均亩产 658.6 千克，比对照甬优 1540 减产 4.2%，达极显著水平，增产点率 40%。全生育期 141 天，比对照甬优 1540

短3天。该品种亩有效穗数14.0万穗，株高115.9厘米，每穗总粒数267.6粒，每穗实粒数216.1粒，结实率81.0%，≤70%点数0个，千粒重24.3克。经浙江省农业科学院植物保护与微生物研究所2018年抗性鉴定，苗叶瘟平均0.3级，穗瘟发病率平均6.5级，穗瘟损失率平均3.0级，综合指数3.4，为中抗；白叶枯病平均5.0级，为中感；稻曲病穗发病粒数平均1.0级，穗发病率平均1.5级，穗发病率5%，为中抗；褐飞虱9级，为高感。经农业农村部稻米及制品质量监督检测测试中心2018年检测，平均整精米率57.1%，长宽比2.9，垩白粒率7%，垩白度1.5%，透明度2级，胶稠度71毫米，直链淀粉含量14.1%，米质各项指标综合评价为食用稻品种品质部颁三等，食味评价80分。该品种产量不符合审定标准，下一年度试验终止。

12. 嘉禾优3号：系中国水稻研究所、嘉兴市农业科学研究院联合选育，该品种第一年参试。2018年试验平均亩产677.9千克，比对照甬优1540减产1.4%，未达显著水平，增产点率50%。全生育期141天，比对照甬优1540短3天。该品种亩有效穗数12.2万穗，株高130.9厘米，每穗总粒数296.9粒，每穗实粒数240.4粒，结实率81.7%，≤70%点数0个，千粒重30.4克。经浙江省农业科学院植物保护与微生物研究所2018年抗性鉴定，苗叶瘟平均1.3级，穗瘟发病率平均7.0级，穗瘟损失率平均2.5级，综合指数3.5，为中抗；白叶枯病平均4.5级，为中感；稻曲病穗发病粒数平均2.5级，穗发病率平均4.0级，穗发病率10%，为中感；褐飞虱9级，为高感。经农业农村部稻米及制品质量监督检测测试中心2018年检测，平均整精米率52.6%，长宽比2.7，垩白粒率6%，垩白度0.7%，透明度2级，胶稠度76毫米，直链淀粉含量13.0%，米质各项指标综合评价为食用稻品种品质部颁三等，食味评价81分。该品种产量不符合审定标准，下一年度试验终止。

（二）B组（籼粳交偏粳）

1. 浙优M1705：系浙江省农业科学院作物与核技术利用研究所选育，该品种第一年参试。2018年试验平均亩产750.7千克，比对照甬优1540增产3.1%，达极显著水平，增产点率66.7%。全生育期136天，比对照甬优1540长3天。该品种亩有效穗数13.4万穗，株高129.5厘米，每穗总粒数254.4粒，每穗实粒数228.7粒，结实率89.9%，≤70%点数0个，千粒重26.8克。经浙江省农业科学院植物保护与微生物研究所2018年抗性鉴定，苗叶瘟平均2.3级，穗瘟发病率平均6.0级，穗瘟损失率平均1.5级，综合指数3.0，为中抗；白叶枯病平均4.3级，为中感；稻曲病穗发病粒数平均3.5级，穗发病率平均5.5级，穗发病率15%，为感；褐飞虱9级，为高感。经农业农村部稻米及制品质量监督检测测试中心2018年检测，平均整精米率68.0%，长宽比2.5，垩白粒率25%，垩白度3.3%，透明度2级，胶稠度71毫米，直链淀粉含量14.0%，米质各项指标综合评价为食用稻品种品质部颁普通，食味评价80分。该品种符合审定标准，下一年度续试。

2. 浙粳优1796：系浙江勿忘农种业股份有限公司、浙江省农业科学院作物与核技术利用研究所联合选育，该品种第一年参试。2018年试验平均亩产692.1千克，比对照甬优1540减产4.9%，达极显著水平，增产点率22.2%。全生育期142天，比对照甬优1540长9天。该品种亩有效穗数14.4万穗，株高124.6厘米，每穗总粒数267.9粒，每穗实粒数226.4粒，结实率84.3%，≤70%点数0个，千粒重25.8克。经浙江省农业科学院植物保护与微生物研究所2018年抗性鉴定，苗叶瘟平均2.3级，穗瘟发病率平均4.0级，穗瘟损失率平均1.0级，综合指数2.3，为中抗；白叶枯病平均3.5级，为中感；稻曲病穗发病粒数平均3.0级，穗发病率平均4.5级，穗发病率11%，为中感；褐飞虱9级，为高感。经农业农村部稻米及制品质量监督检测测试中心 2018 年检测，平均整精米率 67.6%，长宽比 2.3，胶稠度 84 毫米，直链淀粉含量 10.7%，米质各项指标综合评价为食用稻品种品质部颁普通，食味评价 83 分。该品种不符合审定标准，下一年度试验终止。

3. 长优 DH5：系金华市农业科学研究院、金华三才种业公司联合选育，该品种第一年参试。2018 年试验平均亩产 739.2 千克，比对照甬优 1540 增产 1.5%，达显著水平，增产点率 66.7%。全生育期 137 天，比对照甬优 1540 长 4 天。该品种亩有效穗数 13.7 万穗，株高 128.6 厘米，每穗总粒数 287.3 粒，每穗实粒数 256.6 粒，结实率 88.9%，≤70%点数 0 个，千粒重 22.8 克。经浙江省农业科学院植物保护与微生物研究所 2018 年抗性鉴定，苗叶瘟平均 1.7 级，穗瘟发病率平均 5.4 级，穗瘟损失率平均 1.0 级，综合指数 2.3，为中抗；白叶枯病平均 3.7 级，为中感；稻曲病穗发病粒数平均 3.0 级，穗发病率平均 5.0 级，穗发病率 7%，为中感；褐飞虱 9 级，为高感。经农业农村部稻米及制品质量监督检测测试中心 2018 年检测，平均整精米率 67.8%，长宽比 2.6，垩白粒率 9%，垩白度 0.6%，透明度 1 级，胶稠度 71 毫米，直链淀粉含量 13.3%，米质各项指标综合评价为食用稻品种品质部颁一等，食味评价 78 分。该品种符合审定标准，下一年度续试，生产试验同步进行。

4. 江浙优 5028：系浙江大学原子核农业科学研究所、浙江之江种业有限公司联合选育，该品种第一年参试。2018 年试验平均亩产 726.5 千克，比对照甬优 1540 减产 0.2%，未达显著水平，增产点率 66.7%。全生育期 132 天，比对照甬优 1540 短 1 天。该品种亩有效穗数 12.5 万穗，株高 118.2 厘米，每穗总粒数 319.6 粒，每穗实粒数 280.1 粒，结实率 87.5%，≤70%点数 0 个，千粒重 25.3 克。经浙江省农业科学院植物保护与微生物研究所 2018 年抗性鉴定，苗叶瘟平均 1.3 级，穗瘟发病率平均 6.0 级，穗瘟损失率平均 1.7 级，综合指数 2.8，为中抗；白叶枯病平均 3.4 级，为中感；稻曲病穗发病粒数平均 3.0 级，穗发病率平均 2.5 级，穗发病率 9%，为中感；褐飞虱 9 级，为高感。经农业农村部稻米及制品质量监督检测测试中心 2018 年检测，平均整精米率 67.2%，长宽比 2.1，垩白粒率 34%，垩白度 4.8%，透明度 2 级，胶稠度 70 毫米，直链淀粉含量 15.8%，米质各项指标综合评价为食用稻品种品质部颁三等，食味评价 76 分。该品种产量不符合审定标准，下一年度试验终止。

5. 杭优 K206：系杭州种业集团有限公司、浙江省农业科学院作物与核技术利用研究所联合选育，该品种第一年参试。2018 年试验平均亩产 736.6 千克，比对照甬优 1540 增产 1.2%，未达显著水平，增产点率 55.6%。全生育期 140 天，比对照甬优 1540 长 7 天。该品种亩有效穗数 16.5 万穗，株高 132.8 厘米，每穗总粒数 199.6 粒，每穗实粒数 171.6 粒，结实率 85.8%，≤70%点数 0 个，千粒重 26.7 克。经浙江省农业科学院植物保护与微生物研究所 2018 年抗性鉴定，苗叶瘟平均 2.3 级，穗瘟发病率平均 5.0 级，穗瘟损失率平均 3.0 级，综合指数 3.5，为中抗；白叶枯病平均 4.5 级，为中感；稻曲病穗发病粒数平均 2.0 级，穗发病率平均 4.0 级，穗发病率 7%，为中感；褐飞虱 9 级，为高感。经农业农村部稻米及制品质量监督检测测试中心 2018 年检测，平均整精米率 61.7%，长宽比 2.9，垩白粒率 18%，垩白度 1.9%，透明度 1 级，胶稠度 70 毫米，直链淀粉含量 15.5%，米质各项指标综合评价为食用稻品种品质部颁三等，食味评价 80 分。该品种产量不符合审定标准，下一年度试验终止。

6. 诚优 13：系杭州众诚农业科技有限公司选育，该品种第一年参试。2018 年试验平均亩产 756.7 千克，比对照甬优 1540 增产 4.0%，达极显著水平，增产点率 77.8%。全生育期 138 天，比对照甬优 1540 长 5 天。该品种亩有效穗数 12.3 万穗，株高 136.1 厘米，每穗总粒数 311.5 粒，每穗实粒数 275.3 粒，结实率 88.4%，≤70%点数 0 个，千粒重 25.3 克。经浙江省农业科学院植物保护与微生物研究所 2018

年抗性鉴定，苗叶瘟平均 0.7 级，穗瘟发病率平均 4.5 级，穗瘟损失率平均 1.5 级，综合指数 2.1，为中抗；白叶枯病平均 3.7 级，为中感；稻曲病穗发病粒数平均 2.0 级，穗发病率平均 3.0 级，穗发病率 9%，为中感；褐飞虱 9 级，为高感。经农业农村部稻米及制品质量监督检测测试中心 2018 年检测，平均整精米率 65.9%，长宽比 2.8，垩白粒率 10%，垩白度 1.3%，透明度 2 级，胶稠度 76 毫米，直链淀粉含量 14.5%，米质各项指标综合评价为食用稻品种品质部颁二等，食味评价 78 分。该品种符合审定标准，下一年度续试，生产试验同步进行。

7. 甬优 31：系宁波市种子有限公司选育，该品种第一年参试。2018 年试验平均亩产 728.1 千克，比对照甬优 1540 增产 0.0%，未达显著水平，增产点率 44.4%。全生育期 135 天，比对照甬优 1540 长 2 天。该品种亩有效穗数 13.5 万穗，株高 121.0 厘米，每穗总粒数 264.0 粒，每穗实粒数 238.9 粒，结实率 90.4%，≤70%点数 0 个，千粒重 24.5 克。经浙江省农业科学院植物保护与微生物研究所 2018 年抗性鉴定，苗叶瘟平均 1.3 级，穗瘟发病率平均 6.0 级，穗瘟损失率平均 2.0 级，综合指数 3.0，为中抗；白叶枯病平均 3.7 级，为中感；稻曲病穗发病粒数平均 1.5 级，穗发病率平均 3.5 级，穗发病率 9%，为中感；褐飞虱 9 级，为高感。经农业农村部稻米及制品质量监督检测测试中心 2018 年检测，平均整精米率 66%，长宽比 2.4，垩白粒率 19%，垩白度 2.3%，透明度 2 级，胶稠度 76 毫米，直链淀粉含量 16.1%，米质各项指标综合评价为食用稻品种品质部颁二等，食味评价 80 分。该品种符合审定标准，下一年度续试，生产试验同步进行。

8. 甬优 50：系宁波市种子有限公司选育，该品种第一年参试。2018 年试验平均亩产 615.6 千克，比对照甬优 1540 减产 15.4%，达极显著水平，增产点率 0.0%。全生育期 136 天，比对照甬优 1540 长 3 天。该品种亩有效穗数 13.8 万穗，株高 113.5 厘米，每穗总粒数 242.7 粒，每穗实粒数 199.7 粒，结实率 82.6%，≤70%点数 0 个，千粒重 26.4 克。经浙江省农业科学院植物保护与微生物研究所 2018 年抗性鉴定，苗叶瘟平均 2.3 级，穗瘟发病率平均 5.5 级，穗瘟损失率平均 2.5 级，综合指数 3.4，为中抗；白叶枯病平均 3.0 级，为中抗；稻曲病穗发病粒数平均 3.5 级，穗发病率平均 5.5 级，穗发病率 14%，为感；褐飞虱 9 级，为高感。经农业农村部稻米及制品质量监督检测测试中心 2018 年检测，平均整精米率 68.4%，长宽比 2.0，垩白粒率 35%，垩白度 4.5%，透明度 2 级，胶稠度 66 毫米，直链淀粉含量 15.5%，米质各项指标综合评价为食用稻品种品质部颁三等，食味评价 74 分。该品种产量不符合审定标准，下一年度试验终止。

9. 甬优 55：系宁波市种子有限公司选育，该品种第一年参试。2018 年试验平均亩产 675.5 千克，比对照甬优 1540 减产 7.2%，达极显著水平，增产点率 0.0%。全生育期 135 天，比对照甬优 1540 长 2 天。该品种亩有效穗数 12.7 万穗，株高 114.0 厘米，每穗总粒数 288.2 粒，每穗实粒数 266.8 粒，结实率 92.4%，≤70%点数 0 个，千粒重 24.1 克。经浙江省农业科学院植物保护与微生物研究所 2018 年抗性鉴定，苗叶瘟平均 1.3 级，穗瘟发病率平均 5.0 级，穗瘟损失率平均 1.5 级，综合指数 2.5，为中抗；白叶枯病平均 5.0 级，为中感；稻曲病穗发病粒数平均 4.5 级，穗发病率平均 5.5 级，穗发病率 24%，为感；褐飞虱 9 级，为高感。经农业农村部稻米及制品质量监督检测测试中心 2018 年检测，平均整精米率 68.1%，长宽比 2.2，垩白粒率 9%，垩白度 1.1%，透明度 2 级，胶稠度 74 毫米，直链淀粉含量 15.8%，米质各项指标综合评价为食用稻品种品质部颁二等，食味评价 78 分。该品种符合审定标准，下一年度续试，生产试验同步进行。

10. 浙粳优 1626：系浙江省农业科学院作物与核技术利用研究所、浙江勿忘农种业股份有限公司联合选育，该品种第一年参试。2018 年试验平均亩产 712.0 千克，比对照甬优 1540 减产 2.2%，未达显著水平，增产点率 33%。全生育期 140 天，比对照甬优 1540 长 7 天。该品种亩有效穗数 12.4 万穗，株高 114.9 厘米，每穗总粒数 311.7 粒，每穗实粒数 263.1 粒，结实率 84.1%，≤70%点数 0 个，千粒重 23.5 克。经浙江省农业科学院植物保护与微生物研究所 2018 年抗性鉴定，苗叶瘟平均 0.7 级，穗瘟发病率平均 4.4 级，穗瘟损失率平均 1.0 级，综合指数 1.8，为抗；白叶枯病平均 3.0 级，为中抗；稻曲病穗发病粒数平均 1.5 级，穗发病率平均 2.5 级，穗发病率 9%，为中感；褐飞虱 9 级，为高感。经农业农村部稻米及制品质量监督检测测试中心 2018 年检测，平均整精米率 66.8%，长宽比 2.2，垩白粒率 27%，垩白度 3.3%，透明度 2 级，胶稠度 74 毫米，直链淀粉含量 16.3%，米质各项指标综合评价为食用稻品种品质部颁三等，食味评价 82 分。该品种符合审定标准，下一年度续试。

相关结果见表 1～表 12。

表 1　2018 年浙江省单季籼粳杂交（偏籼）稻（A 组）区域试验参试品种和申请（供种）单位表

品种名称	类型	亲本	申请（供种）单位
嘉丰优 3 号（续）	籼粳交偏籼	嘉禾 112A×G1143	浙江可得丰种业有限公司、嘉兴市农业科学研究院
嘉禾优 6 号	籼粳交偏籼	嘉禾 212A×中恢 7206	中国水稻研究所、嘉兴市农业科学研究院、浙江可得丰种业有限公司
甬优 35	籼粳交偏籼	甬粳 15A×F5719	宁波市种子有限公司
长优 AP21	籼粳交偏籼	长粳 1A×恢 AP21	金华市农业科学研究院、金华三才种业公司
嘉优中科 15-13	籼粳交偏籼	嘉 112A×中科嘉恢 15-13	嘉兴市农业科学研究院、台州市台农种业有限公司
杭优 8658	籼粳交偏籼	杭 08A×F7658	杭州种业集团有限公司
嘉科优 11	籼粳交偏籼	嘉禾 112×AN7411	浙江科诚种业股份有限公司
浙粳优 1726	籼粳交偏籼	浙糯 1A×浙农恢 1726	浙江省农业科学科院作物与核技术利用研究所、浙江勿忘农种业股份有限公司
嘉禾优 8 号	籼粳交偏籼	嘉禾 212A×中恢 7259	浙江勿忘农种业股份有限公司、中国水稻研究所、嘉兴市农业科学研究院
甬优 51	籼粳交偏籼	甬粳 15A×F9008	宁波市种子有限公司
嘉诚优 58	籼粳交偏籼	嘉禾 212A×JH2458	杭州众诚农业科技有限公司
嘉禾优 3 号	籼粳交偏籼	嘉禾 212A×中恢 7263	中国水稻研究所、嘉兴市农业科学研究院
甬优 1540（CK）	籼粳交偏粳	甬粳 15A×F7540	宁波市种子有限公司

表 2　2018 年浙江省单季籼粳杂交（偏粳）稻（B 组）区域试验参试品种和申请（供种）单位表

品种名称	类型	亲本	申请（供种）单位
浙优 M1705	籼粳交偏粳	浙 M1A×浙恢 F1705	浙江省农业科学院作物与核技术利用研究所
浙粳优 1796	籼粳交偏粳	浙糯 1A×浙农恢 1796	浙江勿忘农种业股份有限公司、浙江省农业科学院作物与核技术利用研究所
长优 DH5	籼粳交偏粳	长粳 1A×恢 DH5	金华市农业科学研究院、金华三才种业公司
江浙优 5028	籼粳交偏粳	早秀 28A×16-1650	浙江大学原子核农业科学研究所、浙江之江种业有限公司

（续表）

品种名称	类型	亲本	申请（供种）单位
杭优 K206	籼粳交偏粳	杭 K2A×杭恢 F1706	杭州种业集团有限公司、浙江省农业科学院作物与核技术利用研究所
诚优 13	籼粳交偏粳	诚 1A×诚恢 R13	杭州众诚农业科技有限公司
甬优 31	籼粳交偏粳	甬粳 15A×FF5703（籼）	宁波市种子有限公司
甬优 50	籼粳交偏粳	甬粳 7 号 A×F5783	宁波市种子有限公司
甬优 55	籼粳交偏粳	甬粳 78A×F9057	宁波市种子有限公司
浙粳优 1626	籼粳交偏粳	浙粳 7A×浙农恢 1626	浙江省农业科学院作物与核技术利用研究所、浙江勿忘农种业股份有限公司
甬优 1540（CK）	籼粳交偏粳	甬粳 15A×F7540	宁波市种子有限公司

表3　2017—2018 年浙江省单季籼粳杂交（偏籼）稻（A组）区域试验参试品种产量表

品种名称	2018 年					2017 年			两年平均	
	亩产/千克	亩产与对照比较/%	增产点率/%	差异显著性		亩产/千克	亩产与对照比较/%	差异显著性	亩产/千克	亩产与对照比较/%
				0.05	0.01					
嘉丰优 3 号（续）	712.2	3.6	70	a	A	654.4	11.2	**	683.3	7.1
甬优 51	705.7	2.6	60	ab	A	/	/	/	/	/
甬优 35	701.6	2.0	50	ab	AB	/	/	/	/	/
浙粳优 1726	690.1	0.4	50	abc	ABC	/	/	/	/	/
甬优 1540（CK）	687.5	0.0	/	bcd	ABC	588.5	0.0	/	638.0	0.0
嘉禾优 3 号	677.9	-1.4	50	cde	BCD	/	/	/	/	/
嘉科优 11	675.4	-1.8	60	cde	CDE	/	/	/	/	/
嘉禾优 6 号	674.8	-1.9	50	cde	CDE	/	/	/	/	/
长优 AP21	666.9	-3.0	50	def	CDE	/	/	/	/	/
嘉诚优 58	658.6	-4.2	40	ef	DE	/	/	/	/	/
嘉禾优 8 号	650.3	-5.4	30	fg	EF	/	/	/	/	/
杭优 8658	631.8	-8.1	0	g	F	/	/	/	/	/
嘉优中科 15-13	477.1	-30.6	0	h	G	/	/	/	/	/

注：**表示差异达极显著水平；*表示差异达显著水平。

表 4　2018 年浙江省单季籼粳杂交（偏粳）稻（B 组）区域试验参试品种产量表

品种名称	年份	亩产/千克	亩产与对照比较/%	增产点率/%	差异显著性	
					0.05	0.01
诚优 13	2018	756.7	4.0	77.8	a	A
浙优 M1705	2018	750.7	3.1	66.7	a	AB
长优 DH5	2018	739.2	1.5	66.7	ab	ABC
杭优 K206	2018	736.6	1.2	55.6	bc	BC
甬优 31	2018	728.1	0.0	44.4	bc	CD
甬优 1540（CK）	2018	727.9	0.0	/	cd	CD
江浙优 5028	2018	726.5	−0.2	66.7	cd	CD
浙粳优 1626	2018	712.0	−2.2	33.0	cd	D
浙粳优 1796	2018	692.1	−4.9	22.2	e	E
甬优 55	2018	675.5	−7.2	0.0	e	E
甬优 50	2018	615.6	−15.4	0.0	f	F

表 5　2017—2018 年浙江省单季籼粳杂交（偏籼）稻（A 组）区域试验参试品种经济性状表

品种名称	年份	全生育期/天	全生育期与对照比较/天	基本苗数/（万株/亩）	有效穗数/（万穗/亩）	株高/厘米	总粒数/（粒/穗）	实粒数/（粒/穗）	结实率/%	≤70%点数	千粒重/克
嘉丰优 3 号（续）	2018	140	−4	3.4	12.3	126.6	300.9	253.1	84.4	0	25.6
	2017	127	−7	2.8	12.3	120.6	257.9	223.4	86.8	0	27.4
	平均	133.5	−5.5	3.1	12.3	123.6	279.4	238.2	85.6		26.5
嘉禾优 6 号	2018	152	8	3.2	11.9	132.1	277.9	240.7	86.9	0	25.1
甬优 35	2018	145	1	3.0	12.6	125.7	285.9	249.8	87.2	0	23.3
长优 AP21	2018	145	1	3.4	12.4	122.8	319.5	272.4	85.0	0	22.8
嘉优中科 15-13	2018	157	13	3.2	12.3	131.9	190.7	144.4	75.5	0	29.9
杭优 8658	2018	145	1	3.3	12.7	118.4	319.8	250.5	77.9	0	24.4
嘉科优 11	2018	146	2	3.1	11.2	131.1	294.6	244.8	83.0	0	27.0
浙粳优 1726	2018	145	1	3.1	12.1	137.2	275.9	237.3	85.8	0	26.5
嘉禾优 8 号	2018	136	−8	3.3	12.9	127.8	263.9	224.4	85.0	0	27.2
甬优 51	2018	144	0	3.1	12.7	124.7	301.2	265.3	88.3	0	24.0
嘉诚优 58	2018	141	−3	3.2	14.0	115.9	267.6	216.1	81.0	0	24.3
嘉禾优 3 号	2018	141	−3	3.3	12.2	130.9	296.9	240.4	81.7	0	30.4
甬优 1540（CK）	2018	144	0	3.1	12.1	120.7	280.9	251.8	89.5	0	22.8

表6 2018年浙江省单季籼粳杂交（偏粳）稻（B组）区域试验参试品种经济性状表

品种名称	年份	全生育期/天	全生育期与对照比较/天	基本苗数/（万株/亩）	有效穗数/（万穗/亩）	株高/厘米	总粒数/（粒/穗）	实粒数/（粒/穗）	结实率/%	≤70%点数	千粒重/克
浙优 M1705	2018	136	3	3.0	13.4	129.5	254.4	228.7	89.9	0	26.8
浙粳优 1796	2018	142	9	3.2	14.4	124.6	267.9	226.4	84.3	0	25.8
长优 DH5	2018	137	4	3.0	13.7	128.6	287.3	256.6	88.9	0	22.8
江浙优 5028	2018	132	−1	2.7	12.5	118.2	319.6	280.1	87.5	0	25.3
杭优 K206	2018	140	7	3.0	16.5	132.8	199.6	171.6	85.8	0	26.7
诚优 13	2018	138	5	2.9	12.3	136.1	311.5	275.3	88.4	0	25.3
甬优 31	2018	135	2	3.1	13.5	121.0	264.0	238.9	90.4	0	24.5
甬优 50	2018	136	3	2.9	13.8	113.5	242.7	199.7	82.6	0	26.4
甬优 55	2018	135	2	2.9	12.7	114.0	288.2	266.8	92.4	0	24.1
浙粳优 1626	2018	140	7	3.0	12.4	114.9	311.7	263.1	84.1	0	23.5
甬优 1540（CK）	2018	133	0	2.9	13.5	119.8	280.9	256.8	91.4	0	23.6

表7 2017—2018年浙江省单季籼粳杂交（偏籼）稻（A组）区域试验参试品种主要病虫害抗性表

品种名称	年份	稻瘟病									白叶枯病			稻曲病						褐飞虱	
		苗叶瘟		穗瘟发病率		穗瘟损失率		综合指数	抗性评价			平均级	最高级	抗性评价	穗发病粒数		穗发病率		值/%	抗性评价	抗性等级	抗性评价
		平均级	最高级	平均级	最高级	平均级	最高级								平均级	最高级	平均级	最高级				
嘉诚优58	2018	0.3	1	6.5	7	3.0	3	3.4	中抗			5.0	5	中感	1.0	1	1.5	3	5	中抗	9	高感
甬优35	2018	1.3	2	5.4	7	2.0	3	2.8	中抗			4.5	5	中感	1.5	3	2.5	5	8	中感	9	高感
嘉丰优3号	2018	0.7	1	6.5	9	3.0	5	3.4	中抗			4.4	7	感	2.3	3	5.0	7	14	感	9	高感
嘉丰优3号（续）	2017	0.6	1	5.0	5	1.0	1	2.0	抗			7.0	7	感	/	/	/	/	/	/	7	感
杭优8658	2018	2.3	4	6.0	7	2.0	3	3.5	中抗			4.6	5	中感	2.5	3	3.5	5	7	中感	9	高感
长优AP21	2018	1.7	3	5.7	7	1.7	3	3.0	中抗			5.0	5	中感	2.5	3	4.0	7	13	感	9	高感
甬优51	2018	1.0	2	7.0	9	2.0	3	3.3	中抗			4.6	5	中感	3.0	3	5.0	5	9	中感	9	高感
嘉科优11	2018	0.7	1	4.4	5	2.4	3	2.5	中抗			5.5	7	感	4.0	5	6.0	7	18	感	9	高感
甬优1540（CK）	2018	0.3	1	6.5	7	3.0	3	3.4	中抗			4.1	5	中抗	1.5	3	4.0	5	7	中感	9	高感
浙粳优1726	2018	2.7	4	4.4	5	1.0	1	2.6	中抗			3.0	3	中抗	2.0	3	3.5	5	8	中感	9	高感
嘉禾优8号	2018	0.7	1	6.5	9	4.0	5	3.9	中抗			5.0	5	中感	1.3	3	2.5	3	5	中抗	9	高感
嘉优中科15-13	2018	2.3	3	2.4	3	1.0	1	1.8	抗			3.5	5	中感	4.5	7	8.0	9	61	高感	9	高感
嘉禾优6号	2018	3.0	5	4.7	5	1.0	1	2.9	中抗			3.8	5	中感	1.0	1	3.0	3	4	中抗	9	高感
嘉禾优3号	2018	1.3	2	7.0	7	2.5	5	3.5	中抗			4.5	5	中感	2.5	5	4.0	5	10	中感	9	高感

表8 2018年浙江省单季籼粳杂交（偏粳）稻（B组）区域试验参试品种主要病虫害抗性表

品种名称	年份	稻瘟病								白叶枯病			稻曲病						褐飞虱	
		苗叶瘟		穗瘟发病率		穗瘟损失率		综合指数	抗性评价	平均级	最高级	抗性评价	穗发病粒数		穗发病率			抗性评价	抗性等级	抗性评价
		平均级	最高级	平均级	最高级	平均级	最高级						平均级	最高级	平均级	最高级	值%			
浙粳优1626	2018	0.7	1	4.4	5	1.0	1	1.8	抗	3.0	3	中抗	1.5	3	2.5	5	9	中感	9	高感
浙粳优1796	2018	2.3	3	4.0	5	1.0	1	2.3	中抗	3.5	5	中感	3.0	3	4.5	5	11	中感	9	高感
杭优K206	2018	2.3	3	5.0	5	3.0	3	3.5	中抗	4.5	5	中感	2.0	3	4.0	5	7	中感	9	高感
长优DH5	2018	1.7	2	5.4	7	1.0	1	2.3	中抗	3.7	5	中感	3.0	3	5.0	5	7	中感	9	高感
浙优M1705	2018	2.3	3	6.0	7	1.5	3	3.0	中抗	4.3	5	中感	3.5	5	5.5	7	15	感	9	高感
甬优1540（CK）	2018	0.7	1	6.4	7	3.0	3	3.3	中抗	5	5	中感	3.0	3	4.0	5	12	中感	9	高感
甬优31	2018	1.3	2	6.0	9	2.0	3	3.0	中抗	3.7	5	中感	1.5	3	3.5	5	9	中感	9	高感
诚优13	2018	0.7	1	4.5	5	1.5	3	2.1	中抗	3.7	5	中感	2.0	3	3.0	5	9	中感	9	高感
甬优55	2018	1.3	2	5.0	7	1.5	3	2.5	中抗	5.0	5	中感	4.5	7	5.5	7	24	感	9	高感
甬优50	2018	2.3	3	5.5	7	2.5	5	3.4	中抗	3.0	3	中抗	3.5	5	5.5	7	14	感	9	高感
江浙优5028	2018	1.3	2	6.0	7	1.7	3	2.8	中抗	3.4	5	中感	3.0	5	2.5	5	9	中感	9	高感

表 9 2017—2018 年浙江省单季籼粳杂交（偏粳）稻（A组）区域试验参试品种米质表

品种名称	年份	供样地点	糙米率/%	精米率/%	整精米率/%	粒长/毫米	长宽比	垩白粒率/%	垩白度/%	透明度/级	碱消值/级	胶稠度/毫米	直链淀粉含量/%	蛋白质含量/%	等级	食味评价
嘉丰优 3 号（续）	2018	温州	81.5	70.9	44.6	6.3	2.7	16	3.0	2	5.5	75	13.8	7.35	普通	79
	2017		81.3	73.1	40.0	6.3	2.7	9	1.9	2	5.2	76	13.5	8.00	普通	/
	平均		81.4	72.0	42.3	6.3	2.7	13	2.5	2	5.4	76	13.7	7.70	/	/
嘉禾优 6 号	2018	诸暨	81.8	72.9	65.6	6.3	2.6	7	1.0	2	5.7	72	14.9	6.93	三等	78
甬优 35	2018	温州	83.1	73.2	60.3	6.0	2.5	18	2.9	1	7.0	78	15.5	/	二等	75
长优 AP21	2018	诸暨	82.3	72.9	54.3	5.8	2.6	10	1.4	2	6.0	67	14.5	7.72	三等	76
嘉优中科 15-13	2018	诸暨	82.3	73.2	55.2	7.4	3.2	15	2.9	2	6.5	77	15.3	6.98	二等	81
杭优 8658	2018	诸暨	79.5	70.3	54.7	6.1	2.6	13	2.7	2	6.7	70	14.6	7.49	三等	78
嘉科优 11	2018	诸暨	84.0	76.1	58.9	6.4	2.8	8	1.1	2	6.2	71	14.6	7.69	二等	82
浙粳优 1726	2018	温州	82.4	71.4	55.2	5.9	2.3	糯米混杂	糯米混杂	糯米混杂	5.3	80	11.8	7.21	普通	79
嘉禾优 8 号	2018	诸暨	82.6	73.4	54.4	6.3	2.7	20	3.8	2	6.5	70	15.4	7.39	三等	77
甬优 51	2018	诸暨	82.3	73.7	62.4	5.9	2.5	15	3.0	2	7.0	71	16.4	6.77	二等	79
嘉诚优 58	2018	诸暨	81.4	71.7	57.1	6.5	2.9	7	1.5	2	5.2	71	14.1	7.11	三等	80
嘉禾优 3 号	2018	诸暨	80.6	70.1	52.6	6.2	2.7	6	0.7	2	6.0	76	13.0	7.77	三等	81
甬优 1540（CK）	2018	诸暨	82.8	72.9	61.1	5.6	2.4	26	2.8	1	7.0	79	16.0	7.11	二等	76

表10 2018年浙江省单季籼粳杂交（偏粳）稻（B组）区域试验参试品种米质表

品种名称	年份	供样地点	糙米率/%	精米率/%	整精米率/%	粒长/毫米	长宽比	垩白粒率/%	垩白度/%	透明度/级	碱消值/级	胶稠度/毫米	直链淀粉含量/%	蛋白质含量/%	等级	食味评价
浙优M1705	2018	宁波	83.3	75.8	68.0	6.1	2.5	25	3.3	2	5.8	71	14.0	9.03	普通	80
浙粳优1796	2018	诸暨	80.9	72.6	67.6	5.8	2.3	糯米混杂	糯米混杂	糯米混杂	5.7	84	10.7	7.22	普通	83
长优DH5	2018	宁波	81.7	72.6	67.8	6.0	2.6	9	0.6	1	6.2	71	13.3	9.06	一等	78
江浙优5028	2018	宁波	83.6	73.6	67.2	5.5	2.1	34	4.8	2	6.2	70	15.8	9.25	三等	76
甬优K206	2018	宁波	82.1	72.4	61.7	6.7	2.9	18	1.9	1	5.8	70	15.5	8.46	三等	80
诚优13	2018	宁波	82.0	73.1	65.9	6.4	2.8	10	1.3	2	6.0	76	14.5	9.02	二等	78
甬优31	2018	诸暨	82.4	73.6	66.0	5.7	2.4	19	2.3	2	7.0	76	16.1	6.84	二等	80
甬优50	2018	宁波	84.0	74.0	68.4	5.3	2.0	35	4.5	2	6.5	66	15.5	9.20	三等	74
甬优55	2018	诸暨	81.9	74.6	68.1	5.6	2.2	9	1.1	2	7.0	74	15.8	7.50	二等	78
浙粳优1626	2018	诸暨	81.4	71.7	66.8	5.5	2.2	27	3.3	2	6.0	74	16.3	7.19	三等	82
甬优1540（CK）	2018	诸暨	82.7	74.4	64.9	5.5	2.3	23	2.3	2	6.8	72	14.9	7.23	三等	83

表 11 2018 年浙江省单季籼粳杂交（偏籼）稻（A 组）区域试验参试品种各试点产量表

单位：千克/亩

品种名称	金华	丽水	宁波	衢州	嵊州所	台州	温农科	温原种	富阳	诸国家
嘉丰优 3 号（续）	768.0	730.8	696.2	676.3	792.8	782.2	733.3	546.7	659.5	736.5
嘉禾优 6 号	713.3	652.5	544.5	643.2	763.8	765.2	710.7	508.3	707.3	739.2
甬优 35	740.2	667.0	619.0	719.7	733.7	720.2	761.4	628.3	642.7	783.5
长优 AP21	769.7	623.8	583.2	671.7	743.8	710.5	776.7	516.7	548.8	723.7
嘉优中科 15-13	523.2	488.5	368.5	541.0	535.8	394.3	574.7	480.0	390.8	473.7
杭优 8658	705.9	620.8	559.8	615.2	682.3	660.7	657.0	530.0	576.5	709.5
嘉科优 11	691.2	696.3	631.7	617.0	744.0	732.7	669.7	593.3	645.3	732.5
浙粳优 1726	715.3	676.5	587.3	686.5	780.3	752.3	746.3	580.0	649.7	727.2
嘉禾优 8 号	716.4	709.8	646.2	542.3	718.3	681.3	699.3	411.7	605.7	772.2
甬优 51	741.8	650.8	613.8	738.8	754.8	712.3	758.4	630.0	683.5	772.5
嘉诚优 58	726.4	663.3	620.2	609.2	749.5	716.7	710.0	458.3	562.5	769.8
嘉禾优 3 号	738.3	701.3	657.3	549.5	727.2	743.0	728.8	505.0	656.5	772.2
甬优 1540（CK）	745.0	622.2	579.5	689.0	738.0	728.7	765.3	643.3	635.8	728.5

表 12 2018 年浙江省单季籼粳杂交（偏粳）稻（B 组）区域试验参试品种各试点产量表

单位：千克/亩

品种名称	湖州	嘉兴	金华	宁波	衢州	嵊州所	台州	富阳	诸国家
浙优 M1705	918.0	718.3	822.1	612.0	658.0	769.8	813.3	671.7	773.0
浙粳优 1796	950.8	673.3	681.5	525.7	622.8	704.5	740.8	667.0	662.3
长优 DH5	932.0	764.2	728.5	556.7	670.3	773.5	790.3	677.8	759.2
江浙优 5028	899.2	822.8	759.1	613.3	566.8	781.3	697.0	664.7	734.3
杭优 K206	857.3	750.4	737.1	560.7	665.0	765.8	839.2	705.0	749.2
诚优 13	959.0	764.6	778.2	645.8	659.2	770.0	836.3	627.8	769.7
甬优 31	938.3	777.2	717.4	584.0	663.3	766.2	746.7	612.8	747.3
甬优 50	769.8	693.7	612.7	494.7	608.3	648.0	581.2	558.3	574.0
甬优 55	864.8	714.7	645.0	592.5	634.5	705.0	687.0	572.7	662.8
浙粳优 1626	915.0	765.4	684.2	570.3	628.7	764.5	722.3	662.0	695.7
甬优 1540（CK）	892.8	794.7	703.3	612.2	680.8	754.5	751.7	626.7	734.3

（李燕整理汇总）

2018 年浙江省连作杂交晚籼稻区域试验总结

浙江省种子管理总站

一、试验概况

2018 年浙江省连作杂交晚籼稻区域试验参试品种共 12 个（不包括对照），其中，新参试品种 11 个。区域试验采用随机区组排列，小区面积 0.02 亩，重复 3 次。试验四周设保护行，同组所有参试品种同期播种、移栽，其他田间管理与当地大田生产一致，试验田及时防治病虫害，观察记载标准和项目按《浙江省水稻区域试验和生产试验技术操作规程（试行）》执行。

本区域试验由建德市种子管理站、诸暨国家级区域试验站、嵊州市农业科学研究所、金华市农业科学研究院、婺城区第一良种场、温州市原种场、台州市农业科学研究院、苍南县种子管理站、江山市种子管理站和丽水市农业科学研究院 10 个单位承担。稻瘟病抗性鉴定委托浙江省农业科学院植物保护与微生物研究所（牵头）、温州市农业科学院、丽水市农业科学研究院、浙江大学农业试验站（长兴分站）、绍兴市农业科学研究院承担；白叶枯病抗性鉴定委托浙江省农业科学院植物保护与微生物研究所承担；褐飞虱抗性鉴定委托中国水稻研究所稻作中心承担；稻米品质测定委托农业部稻米及制品质量监督检验测试中心（杭州）承担；转基因检测委托农业部转基因植物环境安全鉴定检验测试中心（杭州）承担；DNA 指纹检测委托农业部植物新品种测试中心（杭州）承担；籼粳指数委托中国水稻研究所和浙江省农业科学院承担。

二、试验结果

1. 产量：据各试点的产量结果汇总，3 个品种比对照天优华占增产，其中，增幅最大的是嘉诚优 1253，增产 5.0%；9 个品种比对照天优华占减产，其中，中浙优 F164 减幅最大，减产 9.4%。

2. 生育期：参试品种生育期变幅为 119～130 天，其中，旱优 196 生育期最短，比对照天优华占短 7 天，浙大两优 111 生育期最长，比对照天优华占长 4 天。

3. 抗性：参试品种中，嘉诚优 1253 抗稻瘟病，其余品种均为中抗；恒丰优 7220 抗白叶枯病，中浙优 F164 为高感，其余品种为感或中感；所有品种除 C 两优 143 感褐飞虱外，其余品种均为高感。

4. 品质：参试品种中 3 个品种米质检测为部颁二等，5 个品种为三等。

三、品种简评

1. C 两优 143：系中国水稻研究所选育，该品种第二年参试。2018 年试验平均亩产 619.4 千克，比对照天优华占减产 3.3%，达显著水平，增产点率 30%；2017 年试验平均亩产 581.6 千克，比对照天优华占增产 2.5%，达显著水平，增产点率 60%；两年区域试验平均亩产 600.5 千克，比对照天优华占减产 0.6%。两年平均全生育期 129 天，比对照天优华占长 2 天。该品种两年平均亩有效穗数 18.3 万穗，株高 102.9 厘米，每穗总粒数 170.5 粒，每穗实粒数 140.2 粒，结实率 81.9%，≤65%点数 0 个，千粒重 24.4 克。经浙江省农业科学院植物保护与微生物研究所 2017—2018 年抗性鉴定（此处按两年较差数据计），苗叶瘟平均 1.4 级，穗瘟发病率平均 6.3 级，穗瘟损失率平均 2.3 级，综合指数 3.2，为中抗；白叶枯病 4.8 级，为中感；褐飞虱 7 级，为感。经农业农村部稻米及制品质量监督检测测试中心 2017—2018 年检测，两年平均整精米率 53.3%，长宽比 3.1，垩白粒率 24%，垩白度 3.3%，透明度 1.5 级，胶稠度 67 毫米，直链淀粉含量 16.5%，米质各项指标综合评价 2018 年和 2017 年分别为食用稻品种品质部颁普通和三等，2018 年食味评价 72 分。该品种产量不符合审定标准，下一年度试验终止。

2. 钱 6 优 9248：系浙江省农业科学院作物与核技术利用研究所选育，该品种第一年参试。2018 年试验平均亩产 634.6 千克，比对照天优华占减产 1.0%，未达显著水平，增产点率 30%。全生育期 125 天，比对照天优华占短 1 天。该品种亩有效穗数 17.1 万穗，株高 116.6 厘米，每穗总粒数 156.7 粒，每穗实粒数 133.2 粒，结实率 85.2%，≤65%点数 0 个，千粒重 29.4 克。经浙江省农业科学院植物保护与微生物研究所 2018 年抗性鉴定，苗叶瘟平均 0.3 级，穗瘟发病率平均 7.0 级，穗瘟损失率平均 3.5 级，综合指数 3.8，为中抗；白叶枯病 5.0 级，为中感；褐飞虱 9 级，为高感。经农业农村部稻米及制品质量监督检测测试中心 2018 年检测，平均整精米率 26.1%，长宽比 3.2，垩白粒率 78%，垩白度 11.0%，透明度 2 级，胶稠度 68 毫米，直链淀粉含量 20.8%，米质各项指标综合评价为食用稻品种品质部颁普通，食味评价 78 分。该品种产量不符合审定标准，下一年度试验终止。

3. 浙两优五山丝苗：系浙江农科种业有限公司、广东省农业科学院水稻研究所联合选育，该品种第一年参试。2018 年试验平均亩产 630.3 千克，比对照天优华占减产 1.6%，未达显著水平，增产点率 60%。全生育期 120 天，比对照天优华占短 6 天。该品种亩有效穗数 18.1 万穗，株高 111.5 厘米，每穗总粒数 175.0 粒，每穗实粒数 154.4 粒，结实率 88.3%，≤65%点数 0 个，千粒重 23.6 克。经浙江省农业科学院植物保护与微生物研究所 2018 年抗性鉴定，苗叶瘟平均 1.7 级，穗瘟发病率平均 5.5 级，穗瘟损失率平均 2.5 级，综合指数 3.4，为中抗；白叶枯病 5.7 级，为感；褐飞虱 9 级，为高感。经农业农村部稻米及制品质量监督检测测试中心 2018 年检测，平均整精米率 59.0%，长宽比 3.0，垩白粒率 12%，垩白度 2.9%，透明度 2 级，胶稠度 68 毫米，直链淀粉含量 16.1%，米质各项指标综合评价为食用稻品种品质部颁二等，食味评价 70 分。该品种未通过现场考察，不符合审定标准，下一年度试验终止。

4. 中浙优 F164：系浙江勿忘农种业股份有限公司选育，该品种第一年参试。2018 年试验平均亩产 580.2 千克，比对照天优华占减产 9.4%，达极显著水平，增产点率 10%。全生育期 125 天，比对照天优华占短 1 天。该品种亩有效穗数 16.8 万穗，株高 121.5 厘米，每穗总粒数 147.5 粒，每穗实粒数 129.5 粒，结实率 87.9%，≤65%点数 0 个，千粒重 27.2 克。经浙江省农业科学院植物保护与微生物研究所 2018 年抗性鉴定，苗叶瘟平均 2.3 级，穗瘟发病率平均 7.0 级，穗瘟损失率平均 2.5 级，综合指数 3.8，为中抗；白叶枯病 7.9 级，为高感；褐飞虱 9 级，为高感。经农业农村部稻米及制品质量监督检测测试中心 2018 年检测，平均整精米率 30.0%，长宽比 3.3，垩白粒率 25%，垩白度 3.0%，透明度 2 级，胶稠度 81 毫米，直链淀粉含量 13.3%，米质各项指标综合评价为食用稻品种品质部颁普通，食味评价 83 分。该品种未通过现场考察，不符合审定标准，下一年度试验终止。

5. 泰两优美香占：系温州市农业科学院选育，该品种第一年参试。2018 年试验平均亩产 629.2 千克，比对照天优华占减产 1.8%，未达显著水平，增产点率 40%。全生育期 127 天，比对照天优华占长 1 天。该品种亩有效穗数 20.3 万穗，株高 102.6 厘米，每穗总粒数 153.4 粒，每穗实粒数 131.1 粒，结实率 85.6%，≤65%点数 0 个，千粒重 23.0 克。经浙江省农业科学院植物保护与微生物研究所 2018 年抗性鉴定，苗叶瘟平均 1.3 级，穗瘟发病率平均 5.0 级，穗瘟损失率平均 2.0 级，综合指数 2.8，为中抗；白叶枯病 4.3 级，为中感；褐飞虱 9 级，为高感。经农业农村部稻米及制品质量监督检测测试中心 2018 年检测，平均整精米率 52.3%，长宽比 3.2，垩白粒率 11%，垩白度 2.2%，透明度 1 级，胶稠度 68 毫米，直链淀粉含量 16.9%，米质各项指标综合评价为食用稻品种品质部颁三等。该品种产量不符合审定标准，下一年度试验终止。

6. 恒丰优 7220：系浙江勿忘农种业股份有限公司、中国水稻研究所联合选育，该品种第一年参试。2018 年试验平均亩产 648.8 千克，比对照天优华占增产 1.3%，未达显著水平，增产点率 60%。全生育期 125 天，比对照天优华占短 1 天。该品种亩有效穗数 17.7 万穗，株高 107.0 厘米，每穗总粒数 181.0 粒，每穗实粒数 155.2 粒，结实率 85.7%，≤65%点数 0 个，千粒重 24.2 克。经浙江省农业科学院植物保护与微生物研究所 2018 年抗性鉴定，苗叶瘟平均 2.7 级，穗瘟发病率平均 5.5 级，穗瘟损失率平均 2.0 级，综合指数 3.1，为中抗；白叶枯病 1.0 级，为抗；褐飞虱 9 级，为高感。经农业农村部稻米及制品质量监督检测测试中心 2018 年检测，平均整精米率 55.8%，长宽比 3.4，垩白粒率 6%，垩白度 0.9%，透明度 1 级，胶稠度 64 毫米，直链淀粉含量 17.0%，米质各项指标综合评价为食用稻品种品质部颁三等，食味评价 71 分。该品种抗性不符合审定标准，下一年度试验终止。

7. 泓达优 17：系中国水稻研究所、浙江龙游五谷香种业有限公司联合选育，该品种第一年参试。2018 年试验平均亩产 617.1 千克，比对照天优华占减产 3.7%，达显著水平，增产点率 20%。全生育期 122 天，比对照天优华占短 4 天。该品种亩有效穗数 20.4 万穗，株高 111.8 厘米，每穗总粒数 144.8 粒，每穗实粒数 118.8 粒，结实率 82.7%，≤65%点数 0 个，千粒重 25.7 克。经浙江省农业科学院植物保护与微生物研究所 2018 年抗性鉴定，苗叶瘟平均 1.7 级，穗瘟发病率平均 6.0 级，穗瘟损失率平均 2.0 级，综合指数 3.0，为中抗；白叶枯病 6.4 级，为感；褐飞虱 9 级，为高感。经农业农村部稻米及制品质量监督检测测试中心 2018 年检测，平均整精米率 29.0%，长宽比 3.1，垩白粒率 19%，垩白度 2.0%，透明度 2 级，胶稠度 76 毫米，直链淀粉含量 15.0%，米质各项指标综合评价为食用稻品种品质部颁普通，食味评价 78 分。该品种产量不符合审定标准，下一年度试验终止。

8. 泰 2 两优华占：系浙江国稻高科技种业有限公司选育，该品种第一年参试。2018 年试验平均亩产 644.2 千克，比对照天优华占增产 0.6%，未达显著水平，增产点率 70%。全生育期 126 天，与对照天优华占相同。该品种亩有效穗数 19.9 万穗，株高 108.2 厘米，每穗总粒数 158.0 粒，每穗实粒数 132.8 粒，结实率 84.2%，≤65%点数 0 个，千粒重 24.7 克。经浙江省农业科学院植物保护与微生物研究所 2018 年抗性鉴定，苗叶瘟平均 0.3 级，穗瘟发病率平均 5.0 级，穗瘟损失率平均 2.0 级，综合指数 2.5，为中抗；白叶枯病 5.0 级，为中感；褐飞虱 9 级，为高感。经农业农村部稻米及制品质量监督检测测试中心 2018 年检测，平均整精米率 43.3%，长宽比 3.5，垩白粒率 15%，垩白度 1.9%，透明度 2 级，胶稠度 80 毫米，直链淀粉含量 20.2%，米质各项指标综合评价为食用稻品种品质部颁三等，食味评价 75 分。该品种不符合审定标准，下一年度试验终止。

9. 旱优 196：系浙江雨辉农业科技有限公司、上海天谷生物科技股份有限公司联合选育，该品种第一年参试。2018 年试验平均亩产 607.1 千克，比对照天优华占减产 5.2%，达极显著水平，增产点率 30%。全生育期 119 天，比对照天优华占短 7 天。该品种亩有效穗数 16.2 万穗，株高 111.1 厘米，每穗总粒数 167.6 粒，每穗实粒数 146.7 粒，结实率 87.4%，≤65%点数 0 个，千粒重 25.1 克。经浙江省农业科学院植物保护与微生物研究所 2018 年抗性鉴定，苗叶瘟平均 1.7 级，穗瘟发病率平均 5.5 级，穗瘟损失率平均 3.5 级，综合指数 3.9，为中抗；白叶枯病 5.9 级，为感；褐飞虱 9 级，为高感。经农业农村部稻米及制品质量监督检测测试中心 2018 年检测，平均整精米率 60.2%，长宽比 3.3，垩白粒率 12%，垩白度 2.8%，透明度 1 级，胶稠度 78 毫米，直链淀粉含量 19.2%，米质各项指标综合评价为食用稻品种品质部颁二等。该品种未通过现场考察，不符合审定标准，下一年度试验终止。

10. 嘉诚优 1253：系杭州众诚农业科技有限公司、嘉兴市农业科学研究院联合选育，该品种第一年参试。2018 年试验平均亩产 673.0 千克，比对照天优华占增产 5.0%，达极显著水平，增产点率 90%。全生育期 123 天，比对照天优华占短 3 天。该品种亩有效穗数 14.4 万穗，株高 108.9 厘米，每穗总粒数 230.5 粒，每穗实粒数 201.1 粒，结实率 87.7%，≤65%点数 0 个，千粒重 24.1 克。经浙江省农业科学院植物保护与微生物研究所 2018 年抗性鉴定，苗叶瘟平均 0.7 级，穗瘟发病率平均 4.0 级，穗瘟损失率平均 1.0 级，综合指数 1.8，为抗；白叶枯病 4.7 级，为中感；褐飞虱 9 级，为高感。经农业农村部稻米及制品质量监督检测测试中心 2018 年检测，平均整精米率 63.7%，长宽比 2.7，垩白粒率 15%，垩白度 2.7%，透明度 1 级，胶稠度 65 毫米，直链淀粉含量 16.2%，米质各项指标综合评价为食用稻品种品质部颁二等，食味评价 74 分。该品种符合审定标准，下一年度续试，生产试验同步进行。

11. 浙大两优 111：系浙江大学原子核农业科学研究所选育，该品种第一年参试。2018 年试验平均亩产 598.0 千克，比对照天优华占减产 6.7%，达极显著水平，增产点率 10%。全生育期 130 天，比对照天优华占长 4 天。该品种亩有效穗数 18.8 万穗，株高 110.6 厘米，每穗总粒数 161.4 粒，每穗实粒数 137.4 粒，结实率 85.4%，≤65%点数 0 个，千粒重 23.5 克。经浙江省农业科学院植物保护与微生物研究所 2018 年抗性鉴定，苗叶瘟平均 2.3 级，穗瘟发病率平均 4.0 级，穗瘟损失率平均 1.0 级，综合指数 2.3，为中抗；白叶枯病 5.0 级，为中感；褐飞虱 9 级，为高感。经农业农村部稻米及制品质量监督检测测试中心 2018 年检测，平均整精米率 58.4%，长宽比 3.1，垩白粒率 6%，垩白度 1.2%，透明度 2 级，胶稠度 70 毫米，直链淀粉含量 17.0%，米质各项指标综合评价为食用稻品种品质部颁三等。该品种产量不符合审定标准，下一年度试验终止。

12. 杭优 K203：系杭州种业集团有限公司选育，该品种第一年参试。2018 年试验平均亩产 612.2 千克，比对照天优华占减产 4.5%，达极显著水平，增产点率 20%。全生育期 124 天，比对照天优华占短 2 天。该品种亩有效穗数 15.1 万穗，株高 116.5 厘米，每穗总粒数 183.0 粒，每穗实粒数 150.3 粒，结实率 82.6%，≤65%点数 0 个，千粒重 26.3 克。经浙江省农业科学院植物保护与微生物研究所 2018 年抗性鉴定，苗叶瘟平均 2.3 级，穗瘟发病率平均 4.0 级，穗瘟损失率平均 1.0 级，综合指数 2.5，为中抗；白叶枯病 5.0 级，为中感；褐飞虱 9 级，为高感。经农业农村部稻米及制品质量监督检测测试中心 2018 年检测，平均整精米率 52%，长宽比 2.9，垩白粒率 23%，垩白度 3.7%，透明度 1 级，胶稠度 70 毫米，直链淀粉含量 16.3%，米质各项指标综合评价为食用稻品种品质部颁三等，食味评价 76 分。该品种产量不符合审定标准，下一年度试验终止。

相关结果见表 1～表 6。

表1 2018年浙江省连作杂交晚籼稻区域试验参试品种和申请（供种）单位表

品种名称	类型	亲本	申请（供种）单位
C两优143（续）	杂交	C815S×中恢143	中国水稻研究所
钱6优9248	杂交	钱江6号A×浙恢9248	浙江省农业科学院作物与核技术利用研究所
浙两优五山丝苗	杂交	浙科82S×五山丝苗	浙江农科种业有限公司、广东省农业科学院水稻研究所
中浙优F164	杂交	中浙A×F164	浙江勿忘农种业股份有限公司
泰两优美香占	杂交	泰4S×R1332	温州市农业科学院
恒丰优7220	杂交	恒丰A×中恢7220	浙江勿忘农种业股份有限公司、中国水稻研究所
泓达优17	杂交	泓达A×中恢A17	中国水稻研究所、浙江龙游五谷香种业有限公司
泰2两优华占	杂交	泰2S×华占	浙江国稻高科技种业有限公司
旱优196	杂交	旱7A×旱恢196	浙江雨辉农业科技有限公司、上海天谷生物科技股份有限公司
嘉诚优1253	杂交	嘉禾212A×NP053	杭州众诚农业科技有限公司、嘉兴市农业科学研究院
浙大两优111	杂交	浙大01S×ZF-11	浙江大学原子核农业科学研究所
杭优K203	杂交	杭K2A×杭恢F1703	杭州种业集团有限公司
天优华占（CK）	杂交	天丰A×华占	浙江省种子管理总站

表2 2017—2018年浙江省连作杂交晚籼稻区域试验参试品种产量表

品种名称	2018年					2017年			两年平均	
	亩产/千克	亩产与对照比较/%	增产点率/%	差异显著性		亩产/千克	亩产与对照比较/%	差异显著性	亩产/千克	亩产与对照比较/%
				0.05	0.01					
嘉诚优1253	673.0	5.0	90	a	A	/	/	/	/	/
恒丰优7220	648.8	1.3	60	b	AB	/	/	/	/	/
泰2两优华占	644.2	0.6	70	bc	BC	/	/	/	/	/
天优华占（CK）	640.7	0.0	/	bc	BC	567.6	0.0	/	604.2	0.0
钱6优9248	634.6	-1.0	30	bcd	BCD	/	/	/	/	/
浙两优五山丝苗	630.3	-1.6	60	bcde	BCDE	/	/	/	/	/
泰两优美香占	629.2	-1.8	40	cdef	BCDE	/	/	/	/	/
C两优143（续）	619.4	-3.3	30	def	CDE	581.6	2.5	**	600.5	-0.6
泓达优17	617.1	-3.7	20	def	CDE	/	/	/	/	/
杭优K203	612.2	-4.5	20	ef	DE	/	/	/	/	/
旱优196	607.1	-5.2	30	ef	E	/	/	/	/	/
浙大两优111	598.0	-6.7	10	fg	EF	/	/	/	/	/
中浙优F164	580.2	-9.4	10	g	F	/	/	/	/	/

注：**表示差异达极显著水平；*表示差异达显著水平。

表3 2017—2018年浙江省连作杂交晚籼稻区域试验参试品种经济性状表

品种名称	年份	全生育期/天	全生育期与对照比较/天	基本苗数/（万株/亩）	有效穗数/（万穗/亩）	株高/厘米	总粒数/（粒/穗）	实粒数/（粒/穗）	结实率/%	≤65%点数	千粒重/克
C两优143（续）	2018	128	2	5.1	18.2	104.1	165.1	136.1	82.5	0	24.7
	2017	130	2	3.8	18.4	101.7	176.0	144.2	81.4	0	24.2
	平均	129	2	4.5	18.3	102.9	170.5	140.2	81.9	0	24.4
钱6优9248	2018	125	-1	4.8	17.1	116.6	156.7	133.2	85.2	0	29.4
浙两优五山丝苗	2018	120	-6	5.4	18.1	111.5	175.0	154.4	88.3	0	23.6
中浙优F164	2018	125	-1	5.4	16.8	121.5	147.5	129.5	87.9	0	27.2
泰两优美香占	2018	127	1	5.6	20.3	102.6	153.4	131.1	85.6	0	23.0
恒丰优7220	2018	125	-1	5.6	17.7	107.0	181.0	155.2	85.7	0	24.2
泓达优17	2018	122	-4	5.1	20.4	111.8	144.8	118.8	82.7	0	25.7
泰2两优华占	2018	126	0	5.5	19.9	108.2	158.0	132.8	84.2	0	24.7
旱优196	2018	119	-7	5.1	16.2	111.1	167.6	146.7	87.4	0	25.1
嘉诚优1253	2018	123	-3	5.3	14.4	108.9	230.5	201.1	87.7	0	24.1
浙大两优111	2018	130	4	5.6	18.8	110.6	161.4	137.4	85.4	0	23.5
杭优K203	2018	124	-2	5.5	15.1	116.5	183.0	150.3	82.6	0	26.3
天优华占（CK）	2018	126	0	5.2	17.8	107.5	176.2	153.2	87.2	0	24.8

表4 2017—2018年浙江省连作杂交晚籼稻区域试验参试品种主要病虫害抗性表

品种名称	年份	稻瘟病								白叶枯病			褐飞虱	
		苗叶瘟		穗瘟发病率		穗瘟损失率		综合指数	抗性评价	平均级	最高级	抗性评价	抗性等级	抗性评价
		平均级	最高级	平均级	最高级	平均级	最高级							
泰2两优华占	2018	0.3	1	5.0	5	2.0	3	2.5	中抗	5.0	5	中感	9	高感
C两优143（续）	2018	1.0	2	4.5	5	1.0	1	2.1	中抗	4.5	5	中感	/	/
	2017	1.4	2	6.3	9	2.3	3	3.2	中抗	4.8	5	中感	7	感
泰两优美香占	2018	1.3	2	5.0	5	2.0	3	2.8	中抗	4.3	5	中感	9	高感
杭优K203	2018	2.3	4	4.0	5	1.0	1	2.5	中抗	5.0	5	中感	9	高感
天优华占（CK）	2018	1.0	2	6.5	7	4.0	5	4.1	中感	5.5	7	感	9	高感
泓达优17	2018	1.7	2	6.0	7	2.0	3	3.0	中抗	6.4	7	感	9	高感
嘉诚优1253	2018	0.7	1	4.0	5	1.0	1	1.8	抗	4.7	5	中感	9	高感
中浙优F164	2018	2.3	3	7.0	9	2.5	3	3.8	中抗	7.9	9	高感	9	高感
旱优196	2018	1.7	3	5.5	7	3.5	5	3.9	中抗	5.9	7	感	9	高感
恒丰优7220	2018	2.7	3	5.5	7	2.0	3	3.1	中抗	1.0	1	抗	9	高感
浙大两优111	2018	2.3	3	4.0	5	1.0	1	2.3	中抗	5.0	5	中感	9	高感
钱6优9248	2018	0.3	1	7.0	9	3.5	5	3.8	中抗	5.0	5	中感	9	高感
浙两优五山丝苗	2018	1.7	3	5.5	7	2.5	5	3.4	中抗	5.7	7	感	9	高感

表5 2017—2018年浙江省连作杂交晚籼稻区域试验参试品种米质表

品种名称	年份	供样地点	糙米率/%	精米率/%	整精米率/%	粒长/毫米	长宽比	垩白粒率/%	垩白度/%	透明度/级	碱消值/级	胶稠度/毫米	直链淀粉含量/%	蛋白质含量/%	等级	食味评价
C两优143（续）	2018	温州	82.4	71.1	47.2	6.7	3.1	30	3.7	1	6.7	61	17.5	9.4	普通	72
	2017	温州	78.5	69.4	59.4	6.5	3.0	17	2.9	2	5.1	72	15.5	7.4	三等	/
	平均		80.5	70.3	53.3	6.6	3.1	24	3.3	1.5	5.9	67	16.5	8.4	/	/
钱6优9248	2018	丽水	82.0	69.8	26.1	7.3	3.2	78	11.0	2	6.0	68	20.8	8.41	普通	78
浙两优五山丝苗	2018	温州	83.5	73.6	59.0	6.5	3.0	12	2.9	2	6.3	68	16.1	8.96	二等	70
中浙优F164	2018	丽水	81.4	68.9	30.0	7.0	3.3	25	3.0	2	5.0	81	13.3	8.45	普通	83
泰两优美香占	2018	诸暨	81.2	70.8	52.3	6.7	3.2	11	2.2	1	6.8	68	16.9	7.33	三等	/
恒丰优7220	2018	温州	83.5	74.2	55.8	7.0	3.4	6	0.9	1	5.3	64	17.0	9.13	三等	71
泓达优17	2018	丽水	80.1	68.1	29.0	6.8	3.1	19	2.0	2	5.3	76	15.0	8.67	普通	78
泰2两优华占	2018	丽水	79.6	68.7	43.3	6.9	3.5	15	1.9	2	4.5	80	20.2	8.34	三等	75
旱优196	2018	诸暨	81.9	72.3	60.2	7.1	3.3	12	2.8	1	6.5	78	19.2	7.89	二等	/
嘉诚优1253	2018	温州	83.9	75.8	63.7	6.3	2.7	15	2.7	1	6.8	65	16.2	9.65	二等	74
浙大两优111	2018	诸暨	81.0	72.2	58.4	6.7	3.1	6	1.2	2	5.8	70	17.0	7.44	三等	/
杭优K203	2018	温州	83.7	73.1	52.0	6.7	2.9	23	3.7	1	6.3	70	16.3	9.61	三等	76
天优华占（CK）	2018	温州	82.2	72.0	56.9	6.9	3.3	5	1.0	1	6.3	70	21.4	9.68	三等	72

表6 2018年浙江省连作杂交晚籼稻区域试验参试品种各试点产量表

单位：千克/亩

品种名称	苍南	建德	江山	金华	丽水	嵊州所	台州	温原种	婺城	诸国家
C两优143（续）	480.83	679.50	639.39	683.48	624.67	688.50	684.33	571.67	518.83	622.83
钱6优9248	481.67	697.67	650.00	713.64	598.33	709.50	688.67	453.33	639.83	713.17
浙两优五山丝苗	524.17	670.67	578.79	640.91	663.00	761.50	716.33	426.67	588.67	731.83
中浙优F164	480.00	583.50	575.76	611.06	618.67	663.00	586.33	453.33	570.5	659.67
泰两优美香占	555.00	670.83	648.48	675.30	628.67	672.00	734.00	503.33	501.67	703.00
恒丰优7220	515.00	651.00	619.70	702.73	643.67	753.00	729.83	535.00	570.83	767.17
泓达优17	469.17	666.33	593.94	663.79	591.00	747.00	689.83	508.33	534.00	707.83
泰2两优华占	532.50	692.33	675.76	687.73	616.33	727.17	689.00	526.67	584.67	710.17
旱优196	557.50	640.50	566.67	658.94	616.33	678.00	625.50	548.33	557.17	622.50.
嘉诚优1253	623.33	695.33	662.12	691.67	636.00	772.33	798.17	545.00	576.50	729.50
浙大两优111	508.33	607.83	569.70	620.15	589.00	738.67	676.33	498.33	485.50	686.00
杭优K203	515.83	604.17	630.30	641.67	615.33	654.17	703.50	458.33	626.50	672.00
天优华占（CK）	530.83	670.17	666.67	691.52	611.00	721.00	704.00	508.33	574.67	728.83

（李燕整理汇总）

2018 浙江省耐迟播水稻区域试验总结

浙江省种子管理总站

一、试验概况

2018 浙江省耐迟播水稻区域试验参试品种 4 个（不包括对照），均为新参试品种。区域试验采用随机区组排列，小区面积 0.02 亩，重复三次。试验四周设保护行，同组所有试验品种同期播种和移栽，播种时间统一为 7 月 20 日，其他田间管理与当地大田生产一致，试验田及时防治病虫害，试验观察记载按照《浙江省水稻区域试验和生产试验技术操作规程（试行）》执行。

本区域试验由宁波市农业科学研究院、苍南县种子管理站、湖州市农业科学研究院、嵊州市农业科学研究所、台州市农业科学研究院、永康市种子管理站 6 个单位承担。稻瘟病、稻曲病抗性鉴定委托浙江省农业科学院植物保护与微生物研究所（牵头）、温州市农业科学院、丽水市农业科学研究院、浙江大学农业试验站（长兴分站）承担；白叶枯病抗性鉴定委托浙江省农业科学院植物保护与微生物研究所承担；褐飞虱抗性鉴定委托中国水稻研究所稻作中心承担；转基因检测委托农业部转基因植物环境安全鉴定检验测试中心（杭州）承担； DNA 指纹检测委托农业部植物新品种测试中心（杭州）承担。

二、品种简评

1. 甬籼 430：系宁波市农业科学研究院、舟山农林科学研究院选育。2017 年平均亩产 404.12 千克，比对照秀水 519 增产 6.70%；2018 年平均亩产 462.51 千克，比对照秀水 519 增产 8.65%；两年平均亩产 433.32 千克，比对照秀水 519 增产 7.72%。该品种两年平均全生育期 102.17 天，成熟度 96.44%，有效穗数 18.50 万穗，成穗率 80.37%，株高 84.23 厘米，每穗总粒数 100.97 粒，每穗实粒数 88.49 粒，结实率 87.64%，千粒重 29.56 克。经浙江省农业科学院植物保护与微生物研究所 2018 年抗性鉴定，平均叶瘟 3.3 级，穗瘟 7 级，穗瘟损失率 5 级，综合指数为 4.3，中感稻瘟病，白叶枯病 5.8 级，中感白叶枯病。该品种耐低温性差，田间考察终止试验。

2. 丙 6527：系嘉兴市农业科学研究院选育。2017 年平均亩产 404.44 千克，比对照秀水 519 增产 6.78%；2018 年平均亩产 450.83 千克，比对照秀水 519 增产 5.91%；两年平均亩产 427.64 千克，比对照秀水 519 增产 6.32%。该品种两年平均全生育期 117.49 天，成熟度 91.75%，有效穗数 16.79 万穗，成穗率 74.27%，株高 72.80 厘米，每穗总粒数 121.75 粒，每穗实粒数 110.00 粒，结实率 89.85%，千粒重 26.03 克。经浙江省农业科学院植物保护与微生物研究所 2018 年抗性鉴定，平均叶瘟 2.6 级，穗瘟 5 级，穗瘟损失率 3 级，综合指数为 2.8，中抗稻瘟病，白叶枯病 3.9 级，中感白叶枯病。该品种生育期偏长，试验终止。

3. 丙 6545：系嘉兴市农业科学研究院选育。2017 年平均亩产 400.53 千克，比对照秀水 519 增产 5.75%；2018 年平均亩产 466.35 千克，比对照秀水 519 增产 9.55%；两年平均亩产 433.44 千克，比对照秀水 519 增产 7.76%。该品种两年平均全生育期 112.17 天，成熟度 94.87%，有效穗数 18.73 万穗，成穗率 81.98%，株高 70.37 厘米，每穗总粒数 113.79 粒，每穗实粒数 100.92 粒，结实率 88.69%，千粒重 25.65 克。经浙江省农业科学院植物保护与微生物研究所 2018 年抗性鉴定，平均叶瘟 2.9 级，穗瘟 6 级，穗瘟损失率 3 级，综合指数为 3.3，中抗稻瘟病，白叶枯病 3.7 级，中感白叶枯病。该品种在各试点均能正常结实，适宜作为耐迟播品种继续试验。

4. 浙优 14622：系浙江雨辉种业公司、浙江省农业科学院作物与核技术利用研究所选育的新品种。2017 年平均亩产 376.01 千克，比对照秀水 519 减产 0.73%；2018 年平均亩产 449.98 千克，比对照秀水 519 增产 5.71%；两年平均亩产 413.00 千克，比对照秀水 519 增产 2.68%。该品种两年平均全生育期 111.09 天，成熟度 95.29%，有效穗数 19.81 万穗，成穗率 71.04%，株高 75.75 厘米，每穗总粒数 100.41 粒，每穗实粒数 86.78 粒，结实率 85.54%，千粒重 24.81 克。经浙江省农业科学院植物保护与微生物研究所 2018 年抗性鉴定，平均叶瘟 3.4 级，穗瘟 5 级，穗瘟损失率 1 级，综合指数为 2.8，中抗稻瘟病，白叶枯病 4.8 级，中感白叶枯病。该品种在各试点均能正常结实，适宜作为耐迟播品种继续试验。

相关结果见表 1～表 3。

表 1   2018 年浙江省耐迟播水稻区域试验参试品种、申请（供种）单位和承试单位表

品种名称	亲本	申请（供种）单位	承试单位
甬籼 430	浙 1071/甬籼 15	宁波市农业科学研究院、舟山农林科学研究院	宁波市农业科学研究院、苍南县种子管理站、湖州市农业科学研究院、嵊州市农业科学研究所、台州市农业科学研究院、永康市种子管理站
丙 6527	丙 97405/秀水 519/XSD15	嘉兴市农业科学研究院	
丙 6545	秀水 519/XSD183	嘉兴市农业科学研究院	
浙优 14622	浙 14A/M622	浙江省农业科学院作物与核技术利用研究所	
秀水 519（CK）	苏秀 9 号/秀水 123	嘉兴市农业科学研究院	

表2 2018年浙江省耐迟播水稻区域试验参试品种产量及经济性状表

品种名称	年份	全生育期/天	成熟度/%	落田苗数/(万株/亩)	最高苗数/(万株/亩)	有效穗数/(万穗/亩)	成穗率/%	株高/厘米	穗长/厘米	总粒数/(粒/穗)	实粒数/(粒/穗)	结实率/%	千粒重/克	亩产/千克	亩产与对照比较/%	是否适宜	备注
甬籼430	2017	104.50	96.14	6.75	23.23	18.20	80.03	83.68	17.25	94.85	84.67	89.35	28.95	404.12	6.70	适宜	/
	2018	99.83	96.74	7.04	24.37	18.79	80.70	84.78	17.40	107.08	92.30	86.20	30.17	462.51	8.65	不适宜	/
	平均	102.17	96.44	6.90	23.80	18.50	80.37	84.23	17.33	100.97	88.49	87.64	29.56	433.32	7.72	/	考察终止
丙6527	2017	115.67	93.14	6.11	22.88	16.91	77.66	75.42	13.15	115.92	102.00	87.82	25.43	404.44	6.78	适宜	/
	2018	119.30	90.36	7.14	24.04	16.66	70.88	70.17	13.60	127.58	118.00	91.87	26.62	450.83	5.91	适宜	/
	平均	117.49	91.75	6.63	23.46	16.79	74.27	72.80	13.38	121.75	110.00	89.85	26.03	427.64	6.32	/	/
丙6545	2017	109.83	96.12	6.64	23.11	18.75	84.63	70.00	14.08	106.80	93.53	87.85	25.51	400.53	5.75	适宜	/
	2018	114.50	93.62	7.02	24.64	18.70	79.32	70.73	12.70	120.77	108.30	89.67	25.79	466.35	9.55	适宜	/
	平均	112.17	94.87	6.83	23.88	18.73	81.98	70.37	13.39	113.79	100.92	88.69	25.65	433.44	7.76	/	/
浙优14622	2017	111.17	96.18	6.35	27.39	19.95	71.85	73.62	16.73	92.65	74.47	79.67	23.74	376.01	-0.73	适宜	/
	2018	111.00	94.40	7.00	28.25	19.66	70.22	77.88	16.10	108.17	99.08	91.41	25.88	449.98	5.71	适宜	/
	平均	111.09	95.29	6.68	27.82	19.81	71.04	75.75	16.42	100.41	86.78	85.54	24.81	413.00	2.68	/	杂株较多
秀水519(CK)	2017	114.50	93.56	6.46	26.32	19.77	80.94	68.78	13.47	97.27	86.40	89.07	23.88	378.76	0.00	/	/
	2018	120.00	88.86	7.30	26.06	20.01	77.60	63.68	12.60	115.90	108.05	92.94	24.57	425.69	0.00	/	/
	平均	117.25	91.21	6.88	26.19	19.89	79.27	66.23	13.04	106.59	97.23	91.01	24.23	402.23	0.00	/	/

表3 2018年浙江省耐迟播水稻区域试验参试品种主要病虫害抗性表

品种名称	稻瘟病								白叶枯病		
	苗叶瘟		穗瘟发病率		穗瘟损失率		综合指数	抗性评价	平均级	最高级	抗性评价
	平均级	最高级	平均级	最高级	平均级	最高级					
甬籼430	3.3	5	7	7	5	5	4.3	中感	5.8	7	感
丙6527	2.6	3	5	5	3	3	2.8	中抗	3.9	5	中感
丙6545	2.9	4	6	7	3	3	3.3	中抗	3.7	5	中感
浙优14622	3.4	5	5	5	1	1	2.8	中抗	4.8	5	中感
秀水519（CK）	4.0	5	7	7	3	3	3.8	中抗	4.2	5	中感

（李燕整理汇总）

2018年浙江省鲜食春大豆区域试验和生产试验总结

浙江省种子管理总站

一、试验概况

2018年浙江省鲜食春大豆区域试验参试品种（不包括对照，下同）共10个，其中，2个品种为续试品种，8个品种为新参试品种，中迟熟对照品种为浙鲜豆8号、浙农6号，早熟对照为沪宁95-1。生产试验参试品种2个。区域试验采用随机区组排列，小区面积13平方米，三次重复，穴播；生产试验采用大区对比，不设重复，大区面积0.3～0.5亩。试验田四周设保护行，田间管理按当地习惯进行。

区域试验承试单位8个，分别为浙江省农业科学院作物与核技术利用研究所、慈溪市农业科学研究所、台州市椒江区种子管理站、嘉善县种子管理站、衢州市农业科学研究院、东阳市种子管理站、嵊州市农业科学研究所、丽水市农业科学研究院。生产试验承试单位共7个，分别为慈溪市农业科学研究所、台州市椒江区种子管理站、嘉善县种子管理站、衢州市农业科学研究院、东阳市种子管理站、嵊州市农业科学研究所、丽水市农业科学研究院。区域试验中，嘉善县种子管理站试点因试验误差系数大于15而报废，汇总统计其余7个试点的结果；生产试验结果全部统计。

二、试验结果

（一）区域试验

1. 产量：根据7个试点的产量结果汇总分析，7个品种亩产高于相应对照品种，3个品种比相应对照品种减产。其中，浙农1701亩产最高，平均亩产848.6千克，比对照浙农6号增产12.6%，差异极显著，比相应对照品种增产显著的还有浙农1702、浙农17107、浙鲜1263，其余品种均比相应对照品种减产。

2. 生育期：各参试品种生育期变幅为64.8～75.6天，其中，沪宁95-1最短，浙鲜3159最长。

3. 品质：各参试品种品质评价分值为83.18～91.66，其中，浙农6号总分最高，沪宁95-1总分最低；食味分值最高的是浙鲜豆8号，最低的是浙农17107。

4. 抗性：大豆花叶病毒病经南京农业大学国家大豆改良中心接种鉴定，浙鲜3159抗性最强，对大豆花叶病毒病SC15株系和SC18株系表现为抗和高抗；浙鲜21、富春鲜豆抗性较强，对大豆花叶病毒病SC15株系和SC18株系均表现为抗和中抗；浙鲜1263、浙农17108抗性较弱，对大豆花叶病毒病SC18株系均表现为感。所有品种对炭疽病均表现为中感或感。

（二）生产试验

据 7 个试点生产试验产量结果汇总，浙鲜 3159 和浙鲜 56064 均比对照浙鲜豆 8 号增产，增幅分别为 0.9%和 5.5%。

三、品种简评

1. 浙农 1701：系浙江勿忘农种业股份有限公司、浙江省农业科学院蔬菜研究所选育，第一年参试。2018 年区域试验平均亩产 848.6 千克，比对照浙农 6 号增产 12.6%，差异极显著，增产点率 85.7%。区域试验生育期平均 72.1 天，比对照浙农 6 号短 0.4 天。该品种为有限结荚习性，株型收敛，株高 37.1 厘米，结荚高度 4.8 厘米，主茎节数 9.8 个，有效分枝数 4.2 个。叶片卵圆形，白花，灰毛，青荚淡绿，弯镰形。单株有效荚数 36.0 个，每荚粒数 2.2 个。鲜百荚重 368.0 克，鲜百粒重 80.4 克。标准荚长 4.9 厘米，宽 1.3 厘米。经农业部农产品及转基因产品质量安全监督检验测试中心（杭州）检测，2018 年淀粉含量 4.2%，可溶性总糖含量 2.8%。品质鉴定综合得分为 87.6 分。经南京农业大学接种鉴定，2018 年大豆花叶病毒病 SC15 株系病情指数 50，为中感；大豆花叶病毒病 SC18 株系病情指数 50，为中感。经福建省农业科学院鉴定，2018 年炭疽病病情指数为 32.8，为中感。该品种丰产性好，符合续试标准，专业组同意续试，生产试验同步进行。

2. 富春鲜豆：系杭州富阳金土地种业有限公司选育，第一年参试。2018 年区域试验平均亩产 762.1 千克，比对照浙农 6 号增产 1.1%，差异不显著，增产点率 42.9%。区域试验生育期平均 73.5 天，比对照浙农 6 号长 1 天。该品种为有限结荚习性，株型收敛，株高 29.6 厘米，结荚高度 4.7 厘米，主茎节数 7.7 个，有效分枝数 3.1 个。叶片卵圆形，白花，灰毛，青荚淡绿，弯镰形。单株有效荚数 26.9 个，每荚粒数 2.1 个。鲜百荚重 358 克，鲜百粒重 76.9 克。标准荚长 5.6 厘米，宽 1.4 厘米。经农业部农产品及转基因产品质量安全监督检验测试中心（杭州）检测，2018 年淀粉含量 4.1%，可溶性总糖含量 2.5%。品质鉴定综合得分为 88.4 分。经南京农业大学接种鉴定，2018 年大豆花叶病毒病 SC15 株系病情指数 19，为抗；大豆花叶病毒病 SC18 株系病情指数 25，为中抗。经福建省农业科学院鉴定，2018 年炭疽病病情指数为 36.5，为中感。该品种未达到续试标准，终止试验。

3. 浙农 17107：系浙江勿忘农种业股份有限公司、浙江省农业科学院蔬菜研究所选育，第一年参试。2018 年区域试验平均亩产 799.6 千克，比对照浙农 6 号增产 6.1%，差异极显著，增产点率 57.1%。区域试验生育期平均 74.5 天，比对照浙农 6 号长 2.0 天。该品种为有限结荚习性，株型收敛，株高 33.2 厘米，结荚高度 5.6 厘米，主茎节数 9.2 个，有效分枝数 3.8 个。叶片卵圆形，白花，灰毛，青荚淡绿，弯镰形。单株有效荚数 31.0 个，每荚粒数 2.1 个。鲜百荚重 399 克，鲜百粒重 93.2 克。标准荚长 4.9 厘米，宽 1.4 厘米。经农业部农产品及转基因产品质量安全监督检验测试中心（杭州）检测，2018 年淀粉含量 3.6%，可溶性总糖含量 2.8%。品质鉴定综合得分为 85.1 分。经南京农业大学接种鉴定，2018 年大豆花叶病毒病 SC15 株系病情指数 50，为中感；大豆花叶病毒病 SC18 株系病情指数 38，为中感。经福建省农业科学院鉴定，2018 年炭疽病病情指数为 28.9，为中感。该品种丰产性较好，专业组同意续试。

4. 浙鲜 21：系浙江省农业科学院作物与核技术利用研究所选育，第二年参试。2018 年区域试验平均亩产 623.8 千克，比对照浙鲜豆 8 号减产 15.3%，差异极显著，增产点率 0%；2017 年区域试验平均亩产 593.8 千克，比对照浙鲜豆 8 号减产 7.3%，差异极显著；两年区域试验平均亩产 608.8 千克，比对照浙鲜豆 8 号减产 11.6%。区域试验生育期两年平均 66.1 天，比对照浙鲜豆 8 号短 9.8 天。该品种为有限结荚习性，株型收敛，株高 39.7 厘米，结荚高度 7.4 厘米，主茎节数 8.5 个，有效分枝数 2.2 个。叶片卵圆形，白花，灰毛，青荚淡绿，弯镰形。单株有效荚数 25.8 个，每荚粒数 2.1 个。鲜百荚重 303.0 克，鲜百粒重 80.2 克。标准荚长 4.9 厘米，宽 1.3 厘米。经农业部农产品及转基因产品质量安全监督检验测试中心（杭州）检测，2018 年淀粉含量 3.5%，可溶性总糖含量 3.0%。品质鉴定综合得分为 84.9 分。经南京农业大学接种鉴定，2018 年大豆花叶病毒病 SC15 株系病情指数 4，为抗；大豆花叶病毒病 SC18 株系病情指数 30，为中抗。经福建省农业科学院鉴定，2018 年炭疽病病情指数为 34.1，为中感。该品种熟期较早，专业组同意生产试验。

5. 浙鲜 1263：系浙江省农业科学院作物与核技术利用研究所、杭州种业集团有限公司选育，第一年参试。2018 年区域试验平均亩产 779.1 千克，比对照浙农 6 号增产 3.3%，差异不显著，增产点率 71.4%。区域试验生育期平均 71.4 天，比对照浙农 6 号短 1.1 天。该品种为有限结荚习性，株型收敛，株高 46.2 厘米，结荚高度 6.8 厘米，主茎节数 9.5 个，有效分枝数 3.4 个。叶片卵圆形，白花，灰毛，青荚淡绿，弯镰形。单株有效荚数 33.3 个，每荚粒数 2.1 个。鲜百荚重 306 克，鲜百粒重 78.3 克。标准荚长 5.6 厘米，宽 1.4 厘米。经农业部农产品及转基因产品质量安全监督检验测试中心（杭州）检测，2018 年淀粉含量 4.4%，可溶性总糖含量 3%。品质鉴定综合得分为 88 分。经南京农业大学接种鉴定，2018 年大豆花叶病毒病 SC15 株系病情指数 63，为感；大豆花叶病毒病 SC18 株系病情指数 63，为感。经福建省农业科学院鉴定，2018 年炭疽病病情指数为 59.3，为感。该品种抗性较差，终止试验。

6. 浙鲜 22：系浙江省农业科学院作物与核技术利用研究所选育，第一年参试。2018 年区域试验平均亩产 608.5 千克，比对照浙农 6 号减产 19.3%，差异极显著，增产点率 14.3%。区域试验生育期平均 70.9 天，比对照浙农 6 号短 1.6 天。该品种为有限结荚习性，株型收敛，株高 26.9 厘米，结荚高度 3.7 厘米，主茎节数 6.7 个，有效分枝数 2.6 个。叶片卵圆形，白花，灰毛，青荚绿，弯镰形。单株有效荚数 24.5 个，每荚粒数 2.0 个。鲜百荚重 352.0 克，鲜百粒重 86.4 克。标准荚长 5.6 厘米，宽 1.4 厘米。经农业部农产品及转基因产品质量安全监督检验测试中心（杭州）检测，2018 年淀粉含量 5.2%，可溶性总糖含量 1.4%。品质鉴定综合得分为 87.4 分。经南京农业大学接种鉴定，2018 年大豆花叶病毒病 SC15 株系病情指数 50，为中感；大豆花叶病毒病 SC18 株系病情指数 25，为中抗。经福建省农业科学院鉴定，2018 年炭疽病病情指数为 59.7，为感。该品种综合表现差，终止试验。

7. 浙农 1702：系浙江省农业科学院蔬菜研究所；浙江勿忘农种业股份有限公司选育，第一年参试。2018 年区域试验平均亩产 803.6 千克，比对照浙农 6 号增产 6.6%，差异极显著，增产点率 57.1%。区域试验生育期平均 74.4 天，比对照浙农 6 号长 1.9 天。该品种为有限结荚习性，株型收敛，株高 33.7 厘米，结荚高度 5.6 厘米，主茎节数 8.3 个，有效分枝数 3.2 个。叶片卵圆形，白花，灰毛，青荚淡绿，弯镰形。单株有效荚数 27.8 个，每荚粒数 2.2 个。鲜百荚重 383.8 克，鲜百粒重 88.7 克。标准荚长 5.0 厘米，宽 1.4 厘米。经农业部农产品及转基因产品质量安全监督检验测试中心（杭州）检测，2018 年淀粉含量 3.4%，可溶性总糖含量 2.4%。品质鉴定综合得分为 88 分。经南京农业大学接种鉴定，2018 年大豆花叶病毒病 SC15 株系病情指数 3，为抗；大豆花叶病毒病 SC18 株系病情指数 50，为中感。经福建省农业科学院鉴定，2018 年炭疽病病情指数为 33.6，为中感。该品种丰产性较好，专业组同意续试。

8. 浙农 17108：系浙江省农业科学院蔬菜研究所、浙江勿忘农种业股份有限公司选育，第一年参试。2018 年区域试验平均亩产 734.4 千克，比对照浙农 6 号减产 2.6%，差异极显著，增产点率 42.9%。区域试验生育期平均 71.1 天，比对照浙农 6 号短 1.4 天。该品种为有限结荚习性，株型收敛，株高 30.1 厘米，结荚高度 5.3 厘米，主茎节数 7.9 个，有效分枝数 3.5 个。叶片卵圆形，白花，灰毛，青荚淡绿，弯镰形。单株有效荚数 29.0 个，每荚粒数 2.0 个。鲜百荚重 321.6 克，鲜百粒重 84.3 克。标准荚长 5.4 厘米，宽 1.4 厘米。经农业部农产品及转基因产品质量安全监督检验测试中心（杭州）检测，2018 年淀粉含量 4.7%，可溶性总糖含量 2.5%。品质鉴定综合得分为 86.8 分。经南京农业大学接种鉴定，2018 年大豆花叶病毒病 SC15 株系病情指数 46，为中感；大豆花叶病毒病 SC18 株系病情指数 63，为感。经福建省农业科学院鉴定，2018 年炭疽病病情指数为 27.8，为中感。该品种抗性较差，终止试验。

9. 开科源翠绿宝：系辽宁开原市农科种苗有限公司选育，第一年参试。2018 年区域试验平均亩产 645.6 千克，比对照沪宁 95-1 增产 5.5%，差异不显著，增产点率 85.7%。区域试验生育期平均 68.1 天，比对照沪宁 95-1 长 3.3 天。该品种为有限结荚习性，株型收敛，株高 35.1 厘米，结荚高度 6.7 厘米，主茎节数 9.7 个，有效分枝数 2.0 个。叶片卵圆形，白花，灰毛，青荚淡绿，弯镰形。单株有效荚数 23.4 个，每荚粒数 2.2 个。鲜百荚重 358.6 克，鲜百粒重 92.3 克。标准荚长 4.8 厘米，宽 1.3 厘米。经农业部农产品及转基因产品质量安全监督检验测试中心（杭州）检测，淀粉含量 4.6%，2018 年可溶性总糖含量 1.6%。品质鉴定综合得分为 88.3 分。经南京农业大学接种鉴定，2018 年大豆花叶病毒病 SC15 株系病情指数 63，为感；大豆花叶病毒病 SC18 株系病情指数 50，为中感。经福建省农业科学院鉴定，2018 年炭疽病病情指数为 49.2，为感。该品种熟期较早，丰产性较好，专业组同意续试。

10. 浙鲜 3159：系浙江省农业科学院作物与核技术利用研究所选育，第二年参试。2018 年区域试验平均亩产 746.6 千克，比对照浙鲜豆 8 号增产 1.4%，差异不显著，增产点率 57.1%；2017 年区域试验平均亩产 667.2 千克，比对照浙鲜豆 8 号增产 4.1%，差异显著；两年区域试验平均亩产 706.9 千克，比对照浙鲜豆 8 号增产 2.7%。同步生产试验 2018 年平均亩产 755.6 千克，比对照浙鲜豆 8 号增产 0.9%。区域试验生育期两年平均 77.2 天，比对照浙鲜豆 8 号长 1.3 天。该品种为亚有限结荚习性，株型收敛，株高 58.4 厘米，结荚高度 8.0 厘米，主茎节数 10.8 个，有效分枝数 2.1 个。叶片卵圆形，紫花，灰毛，青荚深绿，弯镰形。单株有效荚数 25.9 个，每荚粒数 2.1 个，鲜百荚重 296.1 克，鲜百粒重 76.1 克。标准荚长 5.3 厘米，宽 1.3 厘米。经农业部农产品及转基因产品质量安全监督检验测试中心（杭州）检测，2018 年淀粉含量 4.0%，可溶性总糖含量 3.2%。品质鉴定综合得分为 87.7 分。经南京农业大学接种鉴定，2018 年大豆花叶病毒病 SC15 株系病情指数 13，为抗；大豆花叶病毒病 SC18 株系病情指数 0，为高抗。经福建省农业科学院鉴定，2018 年炭疽病病情指数为 31.4，为中感。该品种抗性较好，专业组同意报审。

相关结果见表 1～表 7。

表1　2018年浙江省鲜食春大豆区域试验和生产试验参试品种、申请（供种）单位和承试单位表

试验类别	品种名称	亲本	申请（供种）单位	承试单位
区域试验	浙鲜 21（续）	品系 29002/极早 1 号	浙江省农业科学院作物与核技术利用研究所	浙江省农业科学院作物与核技术利用研究所▲、嘉善县种子管理站*、慈溪市农业科学研究所*、台州市椒江区种子管理站*、嵊州市农业科学研究所*、衢州市农业科学研究院*、东阳市种子管理站*、丽水市农业科学研究院*
	浙鲜 3159（续）	浙鲜豆 5 号/开新绿	浙江省农业科学院作物与核技术利用研究所	
	浙鲜 1263	浙鲜豆 4 号×毛豆 3 号	浙江省农业科学院作物与核技术利用研究所、杭州种业集团有限公司	
	浙鲜 22	39002-7-1（4074×亚99009）×浙鲜 9 号	浙江省农业科学院作物与核技术利用研究所	
	开科源翠绿宝	辽鲜一号/H75801（台75×日本青）	辽宁开原市农科种苗有限公司	
	浙农 1701	浙农 8 号×GX-6	浙江勿忘农种业股份有限公司、浙江省农业科学院蔬菜研究所	
	浙农 1702	辽鲜 1 号×开 0018	浙江省农业科学院蔬菜研究所、浙江勿忘农种业股份有限公司	
	浙农 17108	浙农 8 号×天锋 1 号	浙江省农业科学院蔬菜研究所、浙江勿忘农种业股份有限公司	
	浙农 17107	辽鲜 1 号×JP57-1	浙江勿忘农种业股份有限公司、浙江省农业科学院蔬菜研究所	品质分析、转基因检测、DNA指纹检测、抗性鉴定、品质品尝承试单位详见正文
	富春鲜豆	辽鲜 1 号×毛豆 3 号	杭州富阳金土地种业有限公司	
	浙农 6 号（CK1）	台湾 75/2808	浙江省农业科学院蔬菜研究所	
	沪宁 95-1（CK2）	开天峰大豆系选	浙江勿忘农种业股份有限公司	
	浙鲜豆 8 号（CK3）	4904074/台湾 75	浙江省农业科学院作物与核技术利用研究所	
生产试验	浙鲜 56064	品系 39002/极早 1 号	浙江省农业科学院作物与核技术利用研究所	
	浙鲜 3159	浙鲜豆 5 号/开新绿	浙江省农业科学院作物与核技术利用研究所	
	浙鲜豆 8 号（CK3）	4904074/台湾 75	浙江省农业科学院作物与核技术利用研究所	

注：①区域试验 10 包，1 千克/包；生产试验 7 包，4 千克/包；续试品种需另提交两包标准样品（1 千克/包）。
②*表示同时承担生产试验；▲表示品质样品提供点。

表 2 2017—2018 年浙江省鲜食春大豆区域试验和生产试验参试品种产量表

试验类别	品种名称	2018年							2017年			两年平均	
		亩产/千克	亩产与对照1比较/%	亩产与对照2比较/%	亩产与对照3比较/%	增产点率/%	差异显著性 0.05	差异显著性 0.01	亩产/千克	亩产与对照3比较/%	差异显著性	亩产/千克	亩产与对照3比较/%
区域试验	开科源翠绿宝	645.6	/	5.5	/	85.7	f	E	/	/	/	/	/
	沪宁 95-1（CK2）	612.1	/	0.0	/	/	f	E	/	/	/	/	/
	浙鲜 21（续）	623.8	/	/	-15.3	0.0	f	E	593.8	-7.3	**	608.8	-11.6
	浙鲜 3159（续）	746.6	/	/	1.4	57.1	de	D	667.2	4.1	*	706.9	2.7
	浙鲜豆 8 号（CK3）	736.1	/	/	0.0	/	e	D	640.7	0.0	/	688.4	0.0
	浙农 1701	848.6	12.6	/	/	85.7	a	A	/	/	/	/	/
	浙农 1702	803.6	6.6	/	/	57.1	b	AB	/	/	/	/	/
	浙农 17107	799.6	6.1	/	/	57.1	bc	BC	/	/	/	/	/
	浙鲜 1263	779.1	3.3	/	/	71.4	bcd	BC	/	/	/	/	/
	富春鲜豆	762.1	1.1	/	/	42.9	cde	BCD	/	/	/	/	/
	浙农 6 号（CK1）	753.9	0.0	/	/	/	de	CD	/	/	/	/	/
	浙农 17108	734.4	-2.6	/	/	42.9	de	D	/	/	/	/	/
	浙鲜 22	608.5	-19.3	/	/	14.3	f	E	/	/	/	/	/
生产试验	浙鲜 3159	755.6	/	/	0.9	57.1	/	/	/	/	/	/	/
	浙鲜 56064	789.8	/	/	5.5	100.0	/	/	/	/	/	/	/
	浙鲜豆 8 号（CK3）	748.8	/	/	0.0	/	/	/	/	/	/	/	/

注：**表示差异达极显著水平；*表示差异显著水平。

表3　2018年浙江省鲜食春大豆区域试验和生产试验参试品种各试点产量表

单位：千克/亩

试验类别	品种名称	慈溪	东阳	嘉善	椒江	丽水	衢州	省农科	嵊州所
区域试验	开科源翠绿宝	741.6	793.2	报废	781.2	269.6	635.2	542.7	755.6
	沪宁95-1（CK2）	713.2	707.7	报废	653.0	382.4	599.7	535.9	692.7
	浙鲜21（续）	687.2	671.8	报废	624.0	400.3	653.7	536.9	792.9
	浙鲜3159（续）	892.5	670.1	报废	793.2	464.1	762.4	770.3	873.7
	浙鲜豆8号（CK3）	942.3	697.5	报废	670.1	542.5	684.6	744.4	871.2
	浙鲜1263	840.3	789.8	报废	822.3	690.4	811.3	765.8	733.9
	富春鲜豆	999.4	716.3	报废	709.4	608.7	796.6	641.5	862.6
	浙农1701	1234.6	784.7	报废	625.7	690.4	824.1	855.5	925.2
	浙农1702	1238.1	690.6	报废	844.5	616.9	786.0	657.7	791.7
	浙农17107	1162.7	774.4	报废	712.9	588.3	778.5	845.3	735.4
	浙农17108	726.7	757.3	报废	714.6	557.2	699.4	664.4	1021.1
	浙鲜22	739.6	748.8	报废	615.4	364.4	567.4	522.5	701.4
	浙农6号（CK1）	941.9	644.5	报废	767.6	683.0	660.2	696.3	883.8
生产试验	浙鲜3159	919.2	677.3	771.6	877.6	543.1	653.5	/	846.6
	浙鲜56064	927.0	807.2	825.7	882.1	606.1	662.5	/	818.2
	浙鲜豆8号（CK3）	912.4	803.8	795.7	724.2	557.7	649.1	/	798.8

表4　2018年浙江省鲜食春大豆区域试验参试品种农艺性状表

品种名称	叶形	花色	茸毛色	青荚色	荚形	结荚习性	种皮色	脐色	株型
富春鲜豆	卵圆	白	灰	淡绿	弯镰	有限	绿	黄	收敛
沪宁95-1（CK2）	卵圆	白	灰	淡绿	弯镰	有限	绿	淡褐	收敛
开科源翠绿宝	卵圆	白	灰	淡绿	弯镰	有限	绿	淡褐	收敛
浙农1701	卵圆	白	灰	淡绿	弯镰	有限	绿	黄	收敛
浙农1702	卵圆	白	灰	淡绿	弯镰	有限	绿	黄	收敛
浙农17107	卵圆	白	灰	淡绿	弯镰	有限	绿	黄	收敛
浙农17108	卵圆	白	灰	淡绿	弯镰	有限	绿	黄	收敛
浙农6号（CK1）	卵圆	白	灰	淡绿	弯镰	有限	绿	淡黄	收敛
浙鲜1263	卵圆	白	灰	淡绿	弯镰	有限	绿	黄	收敛
浙鲜21（续）	卵圆	白	灰	淡绿	弯镰	有限	绿	淡褐	收敛
浙鲜22	卵圆	白	灰	绿	弯镰	有限	绿	黄	收敛
浙鲜3159（续）	卵圆	紫	灰	深绿	弯镰	亚有限	绿	淡褐	收敛
浙鲜豆8号（CK3）	卵圆	白	灰	绿	弯镰	有限	绿	淡褐	收敛

表 5 2017—2018 年浙江省鲜食春大豆区域试验参试品种经济性状表

品种名称	年份	生育期/天	生育期与对照1比较/天	生育期与对照2比较/天	生育期与对照3比较/天	株高/厘米	结荚高度/厘米	主茎节数/个	有效分枝数/个	单株总荚数/个	秕荚数/个	单株有效荚数/个	每荚粒数/个	鲜百荚重/克	鲜百粒重/克	标准荚长/厘米	标准荚宽/厘米
浙鲜 21（续）	2018	65.6	/	/	-8.4	39.3	7.4	8.2	2.4	29.1	1.8	26.9	2.1	253.9	69.2	4.9	1.3
	2017	66.5	/	/	-11.3	40	/	8.7	2.1	27.3	2.4	24.8	2.1	271.8	69.8	4.9	1.3
	平均	66.1	/	/	-9.8	39.7	7.4	8.5	2.2	28.2	2.1	25.8	2.1	262.8	69.5	4.9	1.3
浙鲜 3159（续）	2018	75.6	/	/	1.6	65.6	8.0	11.4	2.2	28.9	2.1	26.4	2.1	300.4	77.8	5.3	1.4
	2017	78.7	/	/	0.9	51.2	/	10.2	1.9	28.5	3.3	25.3	2	291.9	74.3	5.2	1.3
	平均	77.2	/	/	1.3	58.4	8.0	10.8	2.1	28.7	2.7	25.9	2.1	296.1	76.1	5.3	1.3
浙鲜 1263	2018	71.4	-1.1	/	/	46.2	6.8	9.5	3.4	36.8	3.3	33.3	2.1	306.0	78.3	5.6	1.4
浙鲜 22	2018	70.9	-1.6	/	/	26.9	3.7	6.7	2.6	29.1	3.9	24.5	2.0	352.0	86.4	5.6	1.4
开科源翠绿宝	2018	68.1	/	3.3	/	35.1	6.7	9.7	2.0	26.2	2.3	23.4	2.2	358.6	92.3	4.8	1.3
浙农 1701	2018	72.1	-0.4	/	/	37.1	4.8	9.8	4.2	38.9	2.5	36.0	2.2	368.0	80.4	4.9	1.3
浙农 1702	2018	74.4	1.9	/	/	33.7	5.6	8.3	3.2	32.3	4.2	27.8	2.2	383.8	88.7	5.0	1.4
浙农 17108	2018	71.1	-1.4	/	/	30.1	5.3	7.9	3.5	31.0	1.8	29.0	2.0	321.6	84.3	5.4	1.4
浙农 17107	2018	74.5	2.0	/	/	33.2	5.6	9.2	3.8	33.7	2.4	31.0	2.1	399.0	93.2	4.9	1.4
富春鲜豆	2018	73.5	1.0	/	/	29.6	4.7	7.7	3.1	28.9	2.1	26.9	2.1	358.0	76.9	5.6	1.4
浙农 6 号（CK1）	2018	72.5	0.0	/	/	40.1	7.4	8.4	2.9	28.6	2.4	26.1	2.0	425.5	98.0	6.1	1.4
沪宁 95-1（CK2）	2018	64.8	/	0.0	/	34.6	5.1	7.9	3.6	33.6	2.7	30.3	2.0	234.0	76.6	4.5	1.3
浙鲜豆 8 号（CK3）	2018	74.0	/	/	0.0	39.2	6.7	8.3	3.0	28.5	2.0	26.2	1.9	366.9	97.4	6.1	1.6

表6 2017—2018 年浙江省鲜食春大豆区域试验参试品种主要病虫害抗性表

品种名称	年份	SC15		SC18		炭疽病	
		病情指数	抗性评价	病情指数	抗性评价	病情指数	抗性评价
浙鲜21（续）	2018	4	抗	30	中抗	34.1	中感
	2017	8	抗	28	中抗	/	/
浙鲜3159（续）	2018	13	抗	0	高抗	31.4	中感
	2017	0	高抗	0	高抗	/	/
浙鲜1263	2018	63	感	63	感	59.3	感
浙鲜22	2018	50	中感	25	中抗	59.7	感
开科源翠绿宝	2018	63	感	50	中感	49.2	感
浙农1701	2018	50	中感	50	中感	32.8	中感
浙农1702	2018	3	抗	50	中感	33.6	中感
浙农17107	2018	50	中感	38	中感	28.9	中感
浙农17108	2018	46	中感	63	感	27.8	中感
富春鲜豆	2018	19	抗	25	中抗	36.5	中感
浙农6号（CK1）	2018	63	感	50	中感	31.3	中感
沪宁95-1（CK2）	2018	63	感	63	感	35.1	中感
浙鲜豆8号（CK3）	2018	7	抗	20	抗	54.0	感

表7 2017—2018 年浙江省鲜食春大豆区域试验参试品种品质表

品种名称	年份	食味	外观	测量	总分	淀粉含量/%	可溶性总糖含量/%
浙农6号（CK1）	2018	54.8	9.5	27.4	91.7	4.7	2.9
浙鲜豆8号（CK3）	2018	55.2	8.6	27.8	91.6	4.1	3.3
富春鲜豆	2018	53.2	8.9	26.3	88.4	4.1	2.5
开科源翠绿宝	2018	53.7	8.5	26.2	88.3	4.6	1.6
浙鲜1263	2018	53.7	8.2	26.2	88.0	4.4	3.0
浙农1702	2018	52.8	9.0	26.1	88.0	3.4	2.4
浙鲜3159（续）	2018	52.7	8.6	26.4	87.7	3.3	3.6
	2017	/	/	/	/	4.7	2.7
	平均	/	/	/	/	4.0	3.2
浙农1701	2018	52.5	9.1	26.0	87.6	4.2	2.8
浙鲜22	2018	52.1	8.5	26.8	87.4	5.2	1.4
浙农17108	2018	51.8	8.4	26.6	86.8	4.7	2.5

品种名称	年份	食味	外观	测量	总分	淀粉含量/%	可溶性总糖含量/%
浙农 17107	2018	50.4	8.2	26.4	85.1	3.6	2.8
浙鲜 21（续）	2018	53.0	7.2	24.7	84.9	3.5	3.0
	2017	/	/	/	/	4.0	0.7
	平均	/	/	/	/	3.7	1.9
沪宁 95-1（CK2）	2018	52.9	7.5	22.8	83.2	3.6	3.5

（李燕整理汇总）

2018 年浙江省鲜食秋大豆区域试验和生产试验总结

浙江省种子管理总站

一、试验概况

2018 年浙江省鲜食秋大豆区域试验参试品种（不包括对照，下同）共 6 个，其中，1 个品种为续试品种，5 个品种为新参试品种，对照品种为衢鲜 1 号。生产试验参试品种 1 个。区域试验采用随机区组排列，小区面积 13 平方米，三次重复，穴播；生产试验采用大区对比，不设重复，大区面积 0.3～0.5 亩。试验田四周设保护行，田间管理按当地习惯进行。

区域试验承试单位 8 个，分别为浙江省农业科学院作物与核技术利用研究所、慈溪市农业科学研究所、武义县种子管理站、杭州市萧山区农业科学研究所、衢州市农业科学研究院、东阳市种子管理站、嵊州市农业科学研究所、丽水市农业科学研究院。生产试验承试单位 7 个，分别为慈溪市农业科学研究所、武义县种子管理站、杭州市萧山区农业科学研究所、衢州市农业科学研究院、东阳市种子管理站、嵊州市农业科学研究所、丽水市农业科学研究院。

二、试验结果

（一）区域试验

1. 产量：根据 8 个试点的产量结果汇总分析，参试品种中，有 4 个品种比对照衢鲜 1 号增产，其中，浙农 18-7 亩产最高，比对照衢鲜 1 号增产 12.0%，增产点率 75%；浙农 18-6 和苏豆 18 号比对照衢鲜 1 号减产，其中，苏豆 18 号减产极显著，比对照衢鲜 1 号减产 25.9%。

2. 生育期：各参试品种生育期变幅为 71.0～80.9 天。其中，苏豆 18 号生育期最短，比对照衢鲜 1 号短 5.9 天；浙农 18-9 生育期最长，比对照衢鲜 1 号长 4.0 天。

3. 抗性：参试品种中，抗性最好的是苏豆 18 号，表现为高抗大豆花叶病毒病 SC15，抗大豆花叶病毒病 SC18 株系；浙农 18-7 抗性最差，对大豆花叶病毒病 SC15、SC18 株系均表现为感。所有品种对炭疽病都达到中抗及以上。

4. 品质：品质鉴定食味分数最高的是浙鲜 86，最低的是浙农 18-9。综合得分最高的是浙鲜 86，最低的是苏豆 18 号。

（二）生产试验

据 7 个生产试验试点结果汇总，生产试验参试品种衢鲜 8 号比对照衢鲜 1 号增产 7.5%，增产点率 71.4%。

三、品系简评

1. 浙农18-7：系浙江勿忘农种业股份有限公司、浙江省农业科学院蔬菜研究所选育，第一年参试。2018年区域试验平均亩产726.8千克，比对照衢鲜1号增产12%，差异极显著，增产点率75.0%。区域试验生育期平均79.0天，比对照衢鲜1号长2.1天。该品种为有限结荚习性，株型收敛，株高80.6厘米，结荚高度19.9厘米，主茎节数15.1个，有效分枝数2.1个。叶片卵圆形，紫花，灰毛，青荚淡绿，株型收敛。单株有效荚数32.3个，每荚粒数2.0个。鲜百荚重370.0克，鲜百粒重81.4克。标准荚长6.3厘米，宽1.5厘米。经农业部农产品及转基因产品质量安全监督检验测试中心（杭州）检测，2018年淀粉含量5.3%，可溶性总糖含量1.7%。品质鉴定综合得分为91.4分。经南京农业大学2018年接种鉴定，大豆花叶病毒病SC15株系病情指数63，为感；大豆花叶病毒病SC18株系病情指数63，为感。经福建省农业科学院鉴定，2018年炭疽病病情指数为13.1，为中抗。该品种丰产性好，抗性申请复检，专业组同意续试。

2. 浙农18-9：系浙江省农业科学院蔬菜研究所选育，第一年参试。2018年区域试验平均亩产685.7千克，比对照衢鲜1号增产5.7%，差异显著，增产点率75.0%。区域试验生育期平均80.9天，比对照衢鲜1号长4.0天。该品种为有限结荚习性，株型收敛，株高65.8厘米，结荚高度13.9厘米，主茎节数12.8个，有效分枝数1.3个。叶片卵圆形，紫花，灰毛，青荚绿色，株型收敛。单株有效荚数27.0个，每荚粒数1.8个。鲜百荚重420.0克，鲜百粒重89.6克。标准荚长6.8厘米，宽1.7厘米。经农业部农产品及转基因产品质量安全监督检验测试中心（杭州）检测，2018年淀粉含量5.28%，可溶性总糖含量2.4%。品质鉴定综合得分为90.1分。经南京农业大学2018年接种鉴定，大豆花叶病毒病SC15株系病情指数57，为感；大豆花叶病毒病SC18株系病情指数50，为中感。经福建省农业科学院鉴定，2018年炭疽病病情指数为7.1，为抗。该品种丰产性较好，达到续试标准，专业组同意续试。

3. 浙鲜86：系杭州种业集团有限公司、浙江省农业科学院作物与核技术利用研究所选育，第一年参试。2018年区域试验平均亩产658.6千克，比对照衢鲜1号增产1.5%，差异不显著，增产点率50.0%。区域试验生育期平均75.1天，比对照衢鲜1号短1.8天。该品种为有限结荚习性，株型收敛，株高63.0厘米，结荚高度12.2厘米，主茎节数12.6个，有效分枝数2.1个。叶片卵圆形，紫花，灰毛，青荚绿，收敛形。单株有效荚数28.9个，每荚粒数1.8个。鲜百荚重360.0克，鲜百粒重83.1克。标准荚长5.7厘米，宽1.4厘米。经农业部农产品及转基因产品质量安全监督检验测试中心（杭州）检测，2018年淀粉含量4.9%，可溶性总糖含量2.3%。品质鉴定综合得分为92.5分。经南京农业大学2018年接种鉴定，大豆花叶病毒病SC15株系病情指数63，为感；大豆花叶病毒病SC18株系病情指数22，为中抗。经福建省农业科学院鉴定，2018年炭疽病病情指数为12.3，为中抗。该品种抗较好，专业组同意续试，生产试验同步进行。

4. 浙农18-6：系浙江省农业科学院蔬菜研究所选育，第一年参试。2018年区域试验平均亩产639.1千克，比对照衢鲜1号减产1.5%，差异不显著，增产点率25.0%。区域试验生育期平均73.5天，比对照衢鲜1号短3.4天。该品种为有限结荚习性，株型收敛，株高51.3厘米，结荚高度13.2厘米，主茎节数10.9个，有效分枝数2.6个。叶片卵圆形，白花，灰毛，青荚绿，株型收敛。单株有效荚数31.0个，每荚粒数1.9个。鲜百荚重273.0克，鲜百粒重71.1克。标准荚长4.5厘米，宽1.2厘米。经农业部农产品及转基因产品质量安全监督检验测试中心（杭州）检测，2018年淀粉含量3.8%，可溶性总糖含量3.2%。品质鉴定综合得分为86.8分。经南京农业大学2018年接种鉴定，大豆花叶病毒病SC15株系病情指数50，为中感；大豆花叶病毒病SC18株系病情指数50，为中感。经福建省农业科学院鉴定，2018年炭疽病病情指数为14.6，为中抗。该品种抗性较差，终止试验。

5. 苏豆18号：系江苏省农业科学院经济作物研究所选育，第一年参试。2018年区域试验平均亩产480.9千克，比对照衢鲜1号减产25.9%，差异极显著，增产点率12.5%。区域试验生育期平均71.0天，比对照衢鲜1号短5.9天。该品种为有限结荚习性，株型收敛，株高46.7厘米，结荚高度8.9厘米，主茎节数11.2个，有效分枝数2.1个。叶片卵圆形，白花，灰毛，青荚淡绿，株型收敛。单株有效荚数39.4个，每荚粒数2.0个，鲜百荚重220.0克，鲜百粒重49.3克。标准荚长4.1厘米，宽1.0厘米。经农业部农产品及转基因产品质量安全监督检验测试中心（杭州）检测，2018年淀粉含量4.4%，可溶性总糖含量3.2%。品质鉴定综合得分为80.8分。经南京农业大学2018年接种鉴定，大豆花叶病毒病SC15株系病情指数0，为高抗；大豆花叶病毒病SC18株系病情指数6，为抗。经福建省农业科学院鉴定，2018年炭疽病病情指数为6.5，为抗。该品综合表现较差，终止试验。

6. 浙农1620：系浙江省农业科学院蔬菜研究所，浙江浙农种业有限公司选育，第二年参试。2018年区域试验平均亩产670.8千克，比对照衢鲜1号增产3.4%，差异不显著，增产点率62.5%；2017年区域试验平均亩产697.3千克，比对照衢鲜1号增产13.9%，差异极显著；两年区域试验平均亩产684.1千克，比对照衢鲜1号增产8.5%。两年区域试验生育期平均78.6天，比对照衢鲜1号长1.2天。该品种为有限结荚习性，株型收敛，两年平均株高70.0厘米，结荚高度16.6厘米，主茎节数12.9个，有效分枝数2.3个。叶片卵圆形，紫花，灰毛，青荚绿，株型收敛。单株有效荚数30.3个，每荚粒数1.8个，鲜百荚重328.7克，鲜百粒重86.4克。标准荚长6.0厘米，宽1.5厘米。经农业部农产品及转基因产品质量安全监督检验测试中心（杭州）检测，2018年淀粉含量5.1%，可溶性总糖含量1.8%。品质鉴定综合得分为91.5分。经南京农业大学2018年接种鉴定，大豆花叶病毒病SC15株系病情指数50，为中感；大豆花叶病毒病SC18株系病情指数50，为中感。经福建省农业科学院鉴定，2018年炭疽病病情指数为13.2，为中抗。该品种达到生产试验标准，专业组同意生产试验。

相关结果见表1～表7。

表1　2018年浙江省鲜食秋大豆区域试验和生产试验参试品种、申请（供种）单位和承试单位表

试验类别	品种名称	亲本	申请（供种）单位	承试单位
区域试验	浙农1620（续）	六月青×夏丰2008	浙江省农业科学院蔬菜研究所、浙江浙农种业有限公司	浙江省农业科学院作物与核技术利用研究所▲、杭州市萧山区农业科学研究所*、慈溪市农业科学研究所*、武义县种子管理站*、嵊州市农业科学研究所*、衢州市农业科学研究院*、东阳市种子管理站*、丽水市农业科学研究院*　品质分析、转基因检测、DNA指纹检测、抗性鉴定、品质品尝承试单位详见正文
	浙农18-9	灰荚白豆×六月拔	浙江省农业科学院蔬菜研究所	
	浙农18-6	国外引进材料JP-64EM诱变育成	浙江省农业科学院蔬菜研究所	
	浙农18-7	六月白×夏丰2008	浙江勿忘农种业股份有限公司、浙江省农业科学院蔬菜研究所	
	浙鲜86	萧农秋艳×南农99c-5	杭州种业集团有限公司、浙江省农业科学院作物与核技术利用研究所	
	苏豆18号	苏豆七号辐射诱变育成	江苏省农业科学院经济作物研究所	
	衢鲜1号（CK）	毛蓬青1号/上海香豆	衢州市农业科学研究院	
生产试验	衢鲜8号	衢9804/上洋豆	衢州市农业科学研究院	
	衢鲜1号（CK）	毛蓬青1号/上海香豆	衢州市农业科学研究院	

注：①区域试验9包，1.5千克/包；生产试验7包，5千克/包；续试品种需另提交两包标准样品（1千克/包）。
②*表示同时承担生产试验；▲表示品质样品提供点。

表2　2018年浙江省鲜食秋大豆区域试验和生产试验参试品种产量表

试验类别	品种名称	2018年					2017年			两年平均	
		亩产/千克	亩产与对照比较/%	增产点率/%	差异显著性		亩产/千克	亩产与对照比较/%	差异显著性	亩产/千克	亩产与对照比较/%
					0.05	0.01					
区域试验	浙农18-7	726.8	12.0	75.0	a	A	/	/	/	/	/
	浙农18-9	685.7	5.7	75.0	b	AB	/	/	/	/	/
	浙农1620（续）	670.8	3.4	62.5	bc	BC	697.3	13.9	**	684.1	8.5
	浙鲜86	658.6	1.5	50.0	bc	BC	/	/	/	/	/
	衢鲜1号（CK）	648.6	0.0	/	c	BC	612.2	0.0	/	630.4	0.0
	浙农18-6	639.1	-1.5	25.0	c	C	/	/	/	/	/
	苏豆18号	480.9	-25.9	12.5	d	D	/	/	/	/	/
生产试验	衢鲜8号	673.6	7.5	71.4	/	/	/	/	/	/	/
	衢鲜1号（CK）	626.9	0.0	/	/	/	/	/	/	/	/

注：**表示差异达极显著水平；*表示差异达显著水平。

表3　2018年浙江省鲜食秋大豆区域试验和生产试验参试品种各试点产量表

单位：千克/亩

试验类别	品种名称	慈溪	东阳	丽水	衢州	省农科	嵊州所	武义	萧山
区域试验	苏豆18号	355.5	362.4	619.8	569.3	401.5	265.1	584.6	688.9
	浙农1620（续）	767.5	635.9	720.5	682.1	600.5	705.2	518.0	736.8
	浙农18-6	627.8	574.4	897.6	656.4	432.3	701.9	524.8	697.5
	浙农18-7	744.1	615.4	843.8	707.7	646.5	831.7	618.0	806.9
	浙农18-9	792.3	625.7	765.7	723.1	523.8	712.0	547.9	794.9
	浙鲜86	675.7	605.2	772.6	692.3	599.0	702.8	455.7	765.9
	衢鲜1号（CK）	751.9	646.2	708.4	661.6	486.1	597.0	559.9	777.8
生产试验	衢鲜8号	560.5	676.4	699.9	650.8	/	801.2	559.3	767.1
	衢鲜1号（CK）	618.7	597.0	678.2	623.4	/	558.8	528.9	783.0

表4　2018年浙江省鲜食秋大豆区域试验参试品种农艺性状表

品种名称	叶形	花色	茸毛色	青荚色	荚形	结荚习性	种皮色	脐色	株型
衢鲜1号（CK）	卵圆	白	灰	绿	弯镰	有限	绿	浅褐	收敛
苏豆18号	卵圆	白	灰	淡绿	弯镰	有限	黄	褐	收敛
浙农1620（续）	卵圆	紫	灰	绿	弯镰	有限	绿	深褐	收敛
浙农18-6	卵圆	白	灰	绿	弯镰	有限	绿	黄褐	收敛
浙农18-7	卵圆	紫	灰	淡绿	弯镰	有限	黄	淡褐	收敛
浙农18-9	卵圆	紫	灰	绿	弯镰	有限	黄	褐	收敛
浙鲜86	卵圆	紫	灰	绿	弯镰	有限	绿	淡褐	收敛

表5 2017—2018年浙江省鲜食秋大豆区域试验参试品种经济性状表

品种名称	年份	生育期/天	生育期与对照比较/天	株高/厘米	结荚高度/厘米	主茎节数/个	有效分枝数/个	单株总荚数/个	秕荚数/个	单株有效荚数/个	每荚粒数/个	鲜百荚重/克	鲜百粒重/克	标准荚长/厘米	标准荚宽/厘米
苏豆18号	2018	71.0	-5.9	46.7	8.9	11.2	2.1	42.9	3.5	39.4	2.0	220.0	49.3	4.1	1.0
浙农1620(续)	2018	78.4	1.5	68.6	16.6	13.2	2.4	34.4	2.7	31.7	1.8	340.0	89.0	5.8	1.5
	2017	78.9	0.9	71.4	/	12.7	2.3	31.6	2.7	29.0	1.9	317.3	83.8	6.2	1.5
	平均	78.6	1.2	70.0	/	12.9	2.3	33.0	2.7	30.3	1.8	328.7	86.4	6.0	1.5
浙农18-6	2018	73.5	-3.4	51.3	13.2	10.9	2.6	35.8	4.6	31.0	1.9	273.0	71.1	4.5	1.2
浙农18-7	2018	79.0	2.1	80.6	19.9	15.1	2.1	34.5	2.2	32.3	2.0	370.0	81.4	6.3	1.5
浙农18-9	2018	80.9	4.0	65.8	13.9	12.8	1.3	29.1	2.0	27.0	1.8	420.0	89.6	6.8	1.7
浙鲜86	2018	75.1	-1.8	63.0	12.2	12.6	2.1	31.9	2.9	28.9	1.8	360.0	83.1	5.7	1.4
衢鲜1号(CK)	2018	76.9	0.0	66.1	17.1	13.1	2.3	32.6	1.7	30.4	1.9	330.0	85.8	5.3	1.4

表6 2017—2018年浙江省鲜食秋大豆区域试验参试品种主要病虫害抗性表

品种名称	年份	SC15		SC18		炭疽病	
		病情指数	抗性评价	病情指数	抗性评价	病情指数	抗性评价
浙农1620（续）	2018	50	中感	50	中感	13.2	中抗
	2017	28	中抗	50	中感	/	/
浙农18-9	2018	57	感	50	中感	7.1	抗
浙农18-6	2018	50	中感	50	中感	14.6	中抗
浙农18-7	2018	63	感	63	感	13.1	中抗
浙鲜86	2018	63	感	22	中抗	12.3	中抗
苏豆18号	2018	0	高抗	6	抗	6.5	抗
衢鲜1号（CK）	2018	63	感	50	中感	11.2	中抗

表7 2017—2018年浙江省鲜食秋大豆区域试验参试品种品质表

品种名称	年份	食味	测量	外观	总分	淀粉含量/%	可溶性总糖含量/%
浙鲜86	2018	55.2	28.5	8.8	92.5	4.9	2.3
浙农1620（续）	2018	53.7	28.6	9.2	91.5	5.6	1.7
	2017	/	/	/	/	4.6	1.8
	平均	/	/	/	/	5.1	1.8
浙农18-7	2018	54.6	28.2	8.6	91.4	5.3	1.7
浙农18-9	2018	50.9	31.0	8.2	90.1	5.3	2.4
衢鲜1号（CK）	2018	53.6	27.3	8.8	89.8	5.0	2.4
浙农18-6	2018	54.7	23.4	8.8	86.8	3.8	3.2
苏豆18号	2018	52.9	20.2	7.7	80.8	4.4	3.2

（李燕整理汇总）

2018 年浙江省耐迟播鲜食秋大豆区域试验总结

浙江省种子管理总站

一、试验概况

2018 年浙江省耐迟播鲜食秋大豆区域试验参试品种（不包括对照）共 4 个，均为续试品种。区域试验采用随机区组排列，小区面积 13 平方米，三次重复，穴播；试验四周设保护行，同组所有试验品种同期播种，播种时间统一为 8 月 20 日，其他田间管理与当地大田生产一致。

区域试验承试单位 6 个，分别为衢州市农业科学研究院、武义县种子管理站、新昌县种子有限公司、浙江省农业科学院蔬菜研究所、东阳市种子管理站、淳安县种子管理站。大豆花叶病毒病抗性鉴定委托南京农业大学承担；炭疽病鉴定委托福建省农业科学院承担。

二、品种简评

1. 衢 0811-2：系衢州市农业科学研究院选育。2017 年区域试验平均亩产 524.2 千克，比对照夏丰 2008 增产 11.7%；2018 年区域试验平均亩产 571.8 千克，比对照夏丰 2008 增产 1.1%；两年平均亩产 548.0 千克，比对照夏丰 2008 增产 5.9%。两年平均生育期 80.4 天，比对照夏丰 2008 长 4.0 天。该品种为亚有限结荚习性，株型收敛，株高 55.2 厘米，结荚高度 12.6 厘米，主茎节数 11.2 个，有效分枝数 2 个。叶片卵圆形，紫花，灰毛，青荚绿色，弯镰形。单株有效荚数 18.5 个，每荚粒数 1.9 个，鲜百荚重 338.7 克，鲜百粒重 68.9 克。标准荚长 5.9 厘米，宽 1.6 厘米，标准荚率 65.2%。经南京农业大学接种鉴定，2018 年大豆花叶病毒病 SC15 株系病情指数 63，为感；大豆花叶病毒病 SC18 株系病情指数 50，为中感。经福建省农业科学院鉴定，炭疽病病情指数 6.71，为抗。该品种生育期偏长，建议终止试验。

2. 衢鲜 6 号：系衢州市农业科学研究院、浙江龙游县五谷香种业有限公司选育。2017 年区域试验平均亩产 543.6 千克，比对照夏丰 2008 增产 15.8%；2018 年区域试验平均亩产 564.6 千克，比对照夏丰 2008 减产 0.2%；两年平均亩产 554.1 千克，比对照夏丰 2008 增产 7.1%。两年平均生育期 78.6 天，比对照夏丰 2008 长 2.2 天。该品种为有限结荚习性，株型收敛，株高 46.4 厘米，结荚高度 11.3 厘米，主茎节数 10.4 个，有效分枝数 2.1 个。叶片卵圆形，紫花，灰毛，青荚绿色，弯镰形。单株有效荚数 22.5 个，每荚粒数 1.9 个，鲜百荚重 273.6 克，鲜百粒重 62.9 克。标准荚长 5.9 厘米，宽 1.5 厘米，标准荚率 66.5%。经南京农业大学接种鉴定，2018 年大豆花叶病毒病 SC15 株系病情指数 63，为感；大豆花叶病毒病 SC18 株系病情指数 47，为中感。经福建省农业科学院鉴定，炭疽病病情指数 12.15，为中抗。该品种生育期较短，产量较好，可以正常鼓粒，建议继续试验。

3. 浙农 1204：系浙江省农业科学院蔬菜研究所选育。2017 年区域试验平均亩产 520.0 千克，比对照夏丰 2008 增产 10.8%；2018 年区域试验平均亩产 555.0 千克，比对照夏丰 2008 减产 1.9%；两年平均亩产 537.5 千克，比对照夏丰 2008 增产 3.9%。两年平均生育期 81.1 天，比对照夏丰 2008 长 4.7 天。该品种为有限结荚习性，株型收敛，株高 45.4 厘米，结荚高度 10.4 厘米，主茎节数 10.5 个，有效分枝数 2.2 个。叶片卵圆形，紫花，灰毛，青荚绿色，弯镰形。单株有效荚数 19.8 个，每荚粒数 1.8 个，鲜百荚重 331.4 克，鲜百粒重 68.5 克。标准荚长 6.1 厘米，宽 1.6 厘米，标准荚率 66.2%。经南京农业大学接种鉴定，2018 年大豆花叶病毒病 SC15 株系病情指数 63，为感；大豆花叶病毒病 SC18 株系病情指数 50，为中感。经福建省农业科学院鉴定，炭疽病病情指数 11.49，为中抗。该品种生育期偏长，产量一般，建议终止试验。

4. 浙农 1619：系浙江省农业科学院蔬菜研究所选育。2017 年区域试验平均亩产 523.0 千克，比对照夏丰 2008 增产 11.4%；2018 年区域试验平均亩产 603.2 千克，比对照夏丰 2008 增产 6.7%；两年平均亩产 563.1 千克，比对照夏丰 2008 增产 8.8%。两年平均生育期 78.2 天，比对照夏丰 2008 长 1.8 天。该品种为有限结荚习性，株型收敛，株高 46.4 厘米，结荚高度 9.5 厘米，主茎节数 10.4 个，有效分枝数 2.1 个。叶片卵圆形，紫花，灰毛，青荚绿色，弯镰形。单株有效荚数 21.7 个，每荚粒数 1.9 个，鲜百荚重 308.4 克，鲜百粒重 67.5 克。标准荚长 6.2 厘米，宽 1.5 厘米，标准荚率 66.3%。经南京农业大学接种鉴定，2018 年大豆花叶病毒病 SC15 株系病情指数 50，为中感；大豆花叶病毒病 SC18 株系病情指数 4，为抗。经福建省农业科学院鉴定，炭疽病病情指数 9.88，为抗。该品种生育期较短，产量较好，可以正常鼓粒，建议继续试验。

相关结果见表 1～表 5。

表 1　2018 年浙江省耐迟播鲜食秋大豆区域试验参试品种、申请（供种）单位和承试单位表

品种名称	亲本	申请（供种）单位	承试单位
衢 0811-2	衢鲜 3 号/萧农秋艳	衢州市农业科学研究院	衢州市农业科学研究院、武义县种子管理站、新昌县种子有限公司、浙江省农业科学院蔬菜研究所、东阳市种子管理站、淳安县种子管理站
衢鲜 6 号	早熟毛蓬青/七月拔	衢州市农业科学研究院、浙江龙游县五谷香种业有限公司	
浙农 1204	夏丰 2008×海宁地方品种（海宁黄豆）	浙江省农业科学院蔬菜研究所	
浙农 1619	六月半×开 8157	浙江省农业科学院蔬菜研究所	
夏丰 2008（CK）	/	浙江省农业科学院蔬菜研究所	

表 2　2017—2018 年浙江省救灾耐迟播鲜食秋大豆区域试验参试品种产量表

品种名称	年份	亩产/千克	亩产与对照比较/%	各试点亩产/千克						是否适宜	备注
				淳安	东阳	衢州	省农科	武义	新昌		
衢 0811-2	2017	524.2	11.7	435.4	560.7	554.6	452.0	541.9	600.7	适宜	/
	2018	571.8	1.1	594.4	549	644.9	635.4	641.1	366.2	不适宜	霜霉病较重
	平均	548.0	5.9	514.9	554.9	599.8	543.7	591.5	483.4	/	/
衢鲜 6 号	2017	543.6	15.8	476.3	538.5	599.2	560.5	541.4	545.7	适宜	
	2018	564.6	-0.2	555.4	569.5	610.9	589.4	569.3	493.3	适宜	
	平均	554.1	7.1	515.9	554.0	605.0	574.9	555.4	519.5	/	/

（续表）

品种名称	年份	亩产/千克	亩产与对照比较/%	各试点亩产/千克						是否适宜	备注
				淳安	东阳	衢州	省农科	武义	新昌		
浙农1204	2017	520.0	10.8	705.2	442.8	575.4	490.5	525.2	381.4	适宜	纯度81%
	2018	555.0	-1.9	563.6	523.3	630.3	616.7	594.9	401.0	不适宜	/
	平均	537.5	3.9	634.4	483.1	602.9	553.6	560.1	391.2	/	/
浙农1619	2017	523.0	11.4	469.6	492.3	494.9	586.0	536.6	558.8	适宜	/
	2018	603.2	6.7	687.2	600.3	596.4	664.7	635.9	434.9	适宜	/
	平均	563.1	8.8	578.4	546.3	545.7	625.4	586.3	496.8	/	/
夏丰2008（CK）	2017	469.5	0.0	367.7	466.7	492.5	448.7	573.2	468.1	/	/
	2018	565.5	0.0	550.3	584.9	586.7	562.0	630.8	478.5	/	/
	平均	517.5	0.0	459.0	525.8	539.6	505.4	602.0	473.3	/	/

表3　2017—2018年浙江省救灾耐迟播鲜食秋大豆区域试验参试品种农艺性状表

品种名称	年份	叶形	花色	茸毛色	青荚色	荚形	结荚习性	株型
衢0811-2	2017	卵圆	紫	灰	绿	弯镰	亚有限	收敛
	2018	卵圆	紫	灰	绿	弯镰	亚有限	收敛
衢鲜6号	2017	卵圆	紫	灰	淡绿	弯镰	有限	收敛
	2018	卵圆	紫	灰	绿	弯镰	有限	收敛
浙农1204	2017	椭圆	紫	棕	绿	弯镰	有限	收敛
	2018	椭圆	紫	棕	绿	弯镰	有限	收敛
浙农1619	2017	卵圆	紫	灰	淡绿	弯镰	有限	收敛
	2018	卵圆	紫	灰	绿	弯镰	有限	收敛
夏丰2008（CK）	2017	卵圆	白	灰	淡绿	弯镰	亚有限	收敛
	2018	卵圆	白	灰	淡绿	弯镰	亚有限	收敛

表 4　2017—2018 年浙江省救灾耐迟播食秋大豆区域试验参试品种经济性状表

品种名称	年份	生育期/天	生育期与对照比较/天	株高/厘米	结荚高度/厘米	主茎节数/个	有效分枝数/个	单株总荚数/个	秕荚数/个	单株有效荚数/个	每荚粒数/粒	鲜百荚重/克	鲜百粒重/克	标准荚率/%	标准荚长/厘米	标准荚宽/厘米
衢0811-2	2017	82.8	5.3	59.8	12.3	11.9	1.8	23.4	4.5	18.9	1.8	330.8	70.4	60.3	5.8	1.5
	2018	78.0	2.7	50.6	12.9	10.5	2.2	19.1	1.1	18.1	1.9	346.6	67.3	70.0	6.0	1.6
	平均	80.4	4.0	55.2	12.6	11.2	2.0	21.3	2.8	18.5	1.9	338.7	68.9	65.2	5.9	1.6
衢鲜6号	2017	78.7	1.2	48.9	11.1	10.3	1.8	30.7	4.8	25.9	1.8	264.8	66.4	66.2	5.8	1.5
	2018	78.5	3.2	43.8	11.5	10.4	2.4	21.4	2.3	19.1	2.0	282.3	59.4	66.7	5.9	1.5
	平均	78.6	2.2	46.4	11.3	10.4	2.1	26.1	3.6	22.5	1.9	273.6	62.9	66.5	5.9	1.5
浙农1204	2017	84.3	6.8	43.2	7.7	10.2	2.1	27.6	4.9	22.5	1.7	323.0	76.2	63.8	6.0	1.7
	2018	77.8	2.5	47.6	13.0	10.8	2.2	19.9	2.8	17	1.9	339.8	60.7	68.5	6.2	1.6
	平均	81.1	4.7	45.4	10.4	10.5	2.2	23.8	3.9	19.8	1.8	331.4	68.5	66.2	6.1	1.5
浙农1619	2017	78.7	1.2	50.1	8.7	10.6	1.8	27.1	4.1	23.0	1.9	322.8	66.8	64.7	6.2	1.5
	2018	77.7	2.4	42.7	10.3	10.1	2.4	22.4	2.1	20.3	1.9	294	68.2	67.8	6.1	1.5
	平均	78.2	1.8	46.4	9.5	10.4	2.1	24.8	3.1	21.7	1.9	308.4	67.5	66.3	6.2	1.5
夏丰2008（CK）	年份	77.5	0.0	60.2	11.3	11.2	1.1	27.0	4.7	22.3	1.8	237.0	56.5	56.8	5.4	1.4
	2017	75.3	0.0	48.2	10.9	10.7	2.3	25.0	2.8	22.4	2.0	261.6	53	66.4	5.6	1.4
	2018	76.4	0.0	54.2	11.1	11.0	1.7	26.0	3.8	22.4	1.9	249.3	54.8	61.6	5.5	1.4

表5 2018年浙江省救灾耐迟播鲜食秋大豆区域试验参试品种主要病虫害抗性表

品种名称	SC15		SC18		炭疽病	
	病情指数	抗性评价	病情指数	抗性评价	病情指数	抗性评价
衢0811-2	63	感	50	中感	6.71	抗
衢鲜6号	63	感	47	中感	12.15	中抗
浙农1204	63	感	50	中感	11.49	中抗
浙农1619	50	中感	4	抗	9.88	抗
夏丰2008（CK）	38	中感	38	中感	12.85	中抗

（李燕整理汇总）

2018 年浙江省小麦区域试验和生产试验总结

浙江省种子管理总站

一、试验概况

2018 年浙江省小麦区域试验参试品种 12 个（包括对照，下同），其中，续试品种 1 个。生产试验参试品种 2 个。区域试验采用随机区组排列，各区组品种排列不能与试验方案中的品种顺序相同，重复 3 次；小区长方形，长宽比为 2∶1～3∶1，小区面积 13.3 平方米。生产试验采用大区随机排列，不设重复，大区面积 333 平方米。试验田要求肥力均匀一致。试验设计、试验的主要农艺措施和观察记载等均参照《浙江省大小麦区域试验和生产试验技术操作规程》执行。赤霉病抗性委托浙江省农业科学院植物与微生物研究所鉴定，品质分析和指纹鉴定委托农业部谷物及制品质量监督检验测试中心（哈尔滨）检测，转基因检测委托农业部农产品及转基因产品质量安全监督检验测试中心（杭州）检测。

2018 年浙江省小麦品种区域试验承试单位共 8 个，最终试验结果采用的分别是浙江省农业科学院作物与核技术利用研究所、湖州市农业科学研究院、杭州临安区种子种苗管理站、浙江勿忘农种业股份有限公司、绍兴市舜达种业有限公司、杭州市萧山区农业科学研究所、天台县农业技术推广总站和嘉兴市农业科学研究院。其中，浙江勿忘农种业股份有限公司试点因农田块肥力不均且产量过低而数据报废；绍兴市舜达种业有限公司试点因试验田块安排不当而数据报废。

二、品种评价

（一）区域试验

1. 嘉辐麦 158：系嘉兴市农业科学研究院选育而成的小麦新品种，该品种第一年参试。本试验平均亩产 344.0 千克，比对照扬麦 20 少 5.3%，未达显著水平。该品种全生育期 177.1 天，比对照扬麦 20 少 1.0 天；平均株高 90.9 厘米，亩有效穗数 26.0 万穗。成穗率 53.8%，穗长 9.2 厘米，每穗实粒数 41.8 粒，千粒重 42.9 克。经田间和实验室观察该品种田间整齐度好，穗形长方形，壳为白壳，长芒，粒色红，籽粒半硬质。经浙江省农业科学院植物保护与微生物研究所 2018 年抗性鉴定，赤霉病平均反应 2.3 级，表现为中抗赤霉病。经农业部谷物及制品质量监督检验测试中心（哈尔滨）2018 年品质分析测定，容重 808 克/升，粗蛋白干基含量 11.81%，湿面筋含量 23.9%，Zenely 沉淀值 39.5 毫升，吸水量 61.8 毫升/100 克，稳定时间 1.1 分钟，最大拉伸阻力 205E.U，延伸性 163 毫米，能量 45 厘米^2。该品种不符合审定标准，建议下一年度终止试验。

2. 金单麦 1 号：系江苏金运农业科技发展有限公司、常州市金坛种子有限公司选育而成的小麦新品种，该品种第一年参试。本试验平均亩产 382.0 千克，比对照扬麦 20 多 5.2%，未达显著水平。该品种全生育期 176.7 天，比对照扬麦 20 少 1.4 天；平均株高 82.5 厘米，亩有效穗数 25.7 万穗。成穗率 49.9%，穗长 9.3 厘米，每穗实粒数 40.3 粒，千粒重 42.1 克。经田间和实验室观察该品种田间整齐度好，穗形长方形，壳为白壳，长芒，粒色红，籽粒半硬质。经浙江省农业科学院植物保护与微生物研究所 2018 年抗性鉴定，赤霉病平均反应 2.85 级，表现为中抗赤霉病。经农业部谷物及制品质量监督检验测试中心（哈尔滨）2018 年品质分析测定，容重 802 克/升，粗蛋白干基含量 10.51%，湿面筋含量 17.3%，Zenely 沉淀值 25 毫升，吸水量 51.6 毫升/100 克，稳定时间 1.6 分钟，最大拉伸阻力 410E.U，延伸性 130 毫米，能量 69 厘米^2。该品种符合审定标准，建议下一年度继续试验。

3. 金科麦 1638：系杭州众诚农业科技有限公司选育而成的小麦新品种，该品种第一年参试。本试验平均亩产 359.4 千克，比对照扬麦 20 少 1.1%，未达显著水平。该品种全生育期 176 天，比对照扬麦 20 少 2.1 天；平均株高 80.0 厘米，亩有效穗数 26.3 万穗。成穗率 58.0%，穗长 8.7 厘米，每穗实粒数 37.7 粒，千粒重 44.6 克。经田间和实验室观察该品种田间整齐度好，穗形长方形，壳为白壳，长芒，粒色粉红，籽粒粉质。经浙江省农业科学院植物保护与微生物研究所 2018 年抗性鉴定，赤霉病平均反应 3.05 级，表现为中感赤霉病。经农业部谷物及制品质量监督检验测试中心（哈尔滨）2018 年品质分析测定，容重 788 克/升，粗蛋白干基含量 10.38%，湿面筋含量 19.3%，Zenely 沉淀值 23.8 毫升，吸水量 54.9 毫升/100 克，稳定时间 2.3 分钟，最大拉伸阻力 266E.U，延伸性 141 毫米，能量 54 厘米^2。该品种符合审定标准，建议下一年度继续试验。

4. 科麦 668：系慈溪市农业科学研究所、慈溪市农业技术推广中心选育而成的小麦新品种，该品种第一年参试。本试验平均亩产 360.5 千克，比对照扬麦 20 少 0.8%，未达显著水平。该品种全生育期 178.4 天，比对照扬麦 20 多 0.3 天；平均株高 76.3 厘米，亩有效穗数 29.1 万穗。成穗率 59.6%，穗长 7.8 厘米，每穗实粒数 37.0 粒，千粒重 40.6 克。经田间和实验室观察该品种田间整齐度好，穗形圆锥形，壳为白壳，长芒，粒色粉红，籽粒粉质。经浙江省农业科学院植物保护与微生物研究所 2018 年抗性鉴定，赤霉病平均反应 2.50 级，表现为中抗赤霉病。经农业部谷物及制品质量监督检验测试中心（哈尔滨）2018 年品质分析测定，容重 818 克/升，粗蛋白干基含量 10.10%，湿面筋含量 18.8%，Zenely 沉淀值 16.2 毫升，吸水量 52.5 毫升/100 克，稳定时间 2.2 分钟，最大拉伸阻力 279E.U，延伸性 123 毫米，能量 51 厘米^2。该品种符合审定标准，建议下一年度继续试验。

5. 科运麦 1611：系浙江科诚种业股份有限公司，江苏金运农业科技发展有限公司选育而成的小麦新品种，该品种第一年参试。本试验平均亩产 362.8 千克，比对照扬麦 20 少 0.1%，未达显著水平。该品种全生育期 177.7 天，比对照扬麦 20 少 0.4 天；平均株高 85.1 厘米，亩有效穗数 23.8 万穗。成穗率 50.1%，穗长 9.7 厘米，每穗实粒数 36.9 粒，千粒重 50.0 克。经田间和实验室观察该品种田间整齐度好，穗形长方形，壳为白壳，长芒，粒色红，籽粒硬质。经浙江省农业科学院植物保护与微生物研究所 2018 年抗性鉴定，赤霉病平均反应 2.45 级，表现为中抗赤霉病。经农业部谷物及制品质量监督检验测试中心（哈尔滨）2018 年品质分析测定，容重 778 克/升，粗蛋白干基含量 11.84%，湿面筋含量 22.9%，Zenely 沉淀值 31.0 毫升，吸水量 61.3 毫升/100 克，稳定时间 2.9 分钟，最大拉伸阻力 211E.U，延伸性 137 毫米，能量 41 厘米^2。该品种不符合审定标准，建议下一年度终止试验。

6. 未来 8168：系安徽未来种业有限公司选育而成的小麦新品种，该品种第一年参试。本试验平均亩产 342.9 千克，比对照扬麦 20 少 5.6%，未达显著水平。该品种全生育期 177.6 天，比对照扬麦 20 少

0.5 天；平均株高 77.9 厘米，亩有效穗数 26.7 万穗。成穗率 62.2%，穗长 9.2 厘米，每穗实粒数 35.5 粒，千粒重 48.2 克。经田间和实验室观察该品种田间整齐度好，穗形长方形，壳为白壳，长芒，粒色红，籽粒半硬质。经浙江省农业科学院植物保护与微生物研究所 2018 年抗性鉴定，赤霉病平均反应 2.00 级，表现为中抗赤霉病。经农业部谷物及制品质量监督检验测试中心（哈尔滨）2018 年品质分析测定，容重 800 克/升，粗蛋白干基含量 13.43%，湿面筋含量 27.6%，Zenely 沉淀值 31 毫升，吸水量 65.6 毫升/100 克，稳定时间 1.6 分钟，最大拉伸阻力 192E.U，延伸性 174 毫米，能量 46 厘米^2。该品种不符合审定标准，建议下一年度终止试验。

7. 温麦 143：系温州市农业科学研究院、浙江科诚种业股份有限公司选育而成的小麦新品种，该品种第一年参试。本试验平均亩产 338.8 千克，比对照扬麦 20 少 6.8%，未达显著水平。该品种全生育期 178.7 天，比对照扬麦 20 多 0.6 天；平均株高 82.8 厘米，亩有效穗数 24.9 万穗。成穗率 50.7%，穗长 10.3 厘米，每穗实粒数 39.5 粒，千粒重 45.1 克。经田间和实验室观察该品种田间整齐度好，穗形圆锥形，壳为白壳，长芒，粒色粉红，籽粒粉质。经浙江省农业科学院植物保护与微生物研究所 2018 年抗性鉴定，赤霉病平均反应 2.35 级，表现为中抗赤霉病。经农业部谷物及制品质量监督检验测试中心（哈尔滨）2018 年品质分析测定，容重 812 克/升，粗蛋白干基含量 11.18%，湿面筋含量 21.1%，Zenely 沉淀值 23.5 毫升，吸水量 51.7 毫升/100 克，稳定时间 1.2 分钟，最大拉伸阻力 387E.U，延伸性 120 毫米，能量 63 厘米^2。该品种不符合审定标准，建议下一年度终止试验。

8. 襄麦 21：系湖北省襄阳市农业科学院选育而成的小麦新品种，该品种第二年参试。本试验 2018 年平均亩产 373.6 千克，比对照扬麦 20 多 2.8%，未达显著水平。该品种 2018 年全生育期 180.0 天，比对照扬麦 20 多 1.9 天；平均株高 78.2 厘米，亩有效穗数 30.0 万穗。成穗率 57.9%，穗长 7.9 厘米，每穗实粒数 35.2 粒，千粒重 43.3 克。经田间和实验室观察该品种田间整齐度好，穗形圆锥形，壳为白壳，长芒，粒色白，籽粒半硬质。经浙江省农业科学院植物保护与微生物研究所 2018 年抗性鉴定，赤霉病平均反应 3.05 级，表现为中感赤霉病。经农业部谷物及制品质量监督检验测试中心（哈尔滨）2018 年品质分析测定，容重 804 克/升，粗蛋白干基含量 11.52%，湿面筋含量 23.7%，Zenely 沉淀值 17.5 毫升，吸水量 52 毫升/100 克，稳定时间 4.4 分钟，最大拉伸阻力 184E.U，延伸性 142 毫米，能量 40 厘米^2。该品种符合审定标准，建议下一年度进入生产试验。

9. 浙杭麦 1541：系杭州种业集团有限公司、浙江省农业科学院作物与核技术利用研究所选育而成的小麦新品种，该品种第一年参试。本试验平均亩产 331.6 千克，比对照扬麦 20 少 8.7%，未达显著水平。该品种全生育期 175.9 天，比对照扬麦 20 少 2.2 天；平均株高 80.0 厘米，亩有效穗数 25.9 万穗。成穗率 57.9%，穗长 9.9 厘米，每穗实粒数 39.2 粒，千粒重 39.1 克。经田间和实验室观察该品种田间整齐度较差，穗形圆锥形，壳为白壳，长芒，粒色红，籽粒半硬质。经浙江省农业科学院植物保护与微生物研究所 2018 年抗性鉴定，赤霉病平均反应 2.40 级，表现为中抗赤霉病。经农业部谷物及制品质量监督检验测试中心（哈尔滨）2018 年品质分析测定，容重 792 克/升，粗蛋白干基含量 11.89%，湿面筋含量 20.8%，Zenely 沉淀值 31.5 毫升，吸水量 50 毫升/100 克，稳定时间 1.6 分钟，最大拉伸阻力 653E.U，延伸性 121 毫米，能量 101 厘米^2。该品种符合审定标准，建议下一年度继续试验。

10. 浙华 1 号：系华中农业大学植物科学技术学院、浙江省农业科学院作物与核技术利用研究所选育而成的小麦新品种，该品种第一年参试。本试验平均亩产 370.0 千克，比对照扬麦 20 多 1.9%，未达显著水平。该品种全生育期 180.1 天，比对照扬麦 20 多 2.0 天；平均株高 79.3 厘米，亩有效穗数 30.4

万穗。成穗率 61.0%，穗长 8.8 厘米，每穗实粒数 35.3 粒，千粒重 40.7 克。经田间和实验室观察该品种田间整齐度好，穗形圆锥形，壳为白壳，长芒，粒色红，籽粒半硬质。经浙江省农业科学院植物保护与微生物研究所 2018 年抗性鉴定，赤霉病平均反应 2.80 级，表现为中抗赤霉病。经农业部谷物及制品质量监督检验测试中心（哈尔滨）2018 年品质分析测定，容重 790 克/升，粗蛋白干基含量 11.34%，湿面筋含量 17.1%，Zenely 沉淀值 25 毫升，吸水量 53.8 毫升/100 克，稳定时间 0.8 分钟，最大拉伸阻力 231E.U，延伸性 126 毫米，能量 40 厘米^2。该品种符合审定标准，建议下一年度继续试验。

11. 浙麦 1456：系浙江省农业科学院作物与核技术利用研究所选育而成的小麦新品种，该品种第一年参试。本试验平均亩产 334.6 千克，比对照扬麦 20 少 7.9%，未达显著水平。该品种全生育期 177.7 天，比对照扬麦 20 少 0.4 天；平均株高 81.5 厘米，亩有效穗数 25.4 万穗。成穗率 53.4%，穗长 9.8 厘米，每穗实粒数 45.1 粒，千粒重 38.3 克。经田间和实验室观察该品种田间整齐度好，穗形圆锥形，壳为白壳，长芒，粒色粉红，籽粒粉质。经浙江省农业科学院植物保护与微生物研究所 2018 年抗性鉴定，赤霉病平均反应 3.45 级，表现为中感赤霉病。经农业部谷物及制品质量监督检验测试中心（哈尔滨）2018 年品质分析测定，容重 816 克/升，粗蛋白干基含量 10.86%，湿面筋含量 20.8%，Zenely 沉淀值 22.5 毫升，吸水量 52 毫升/100 克，稳定时间 1.2 分钟，最大拉伸阻力 127E.U，延伸性 152 毫米，能量 28 厘米^2。该品种符合审定标准，建议下一年度继续试验。

（二）生产试验

金运麦 3 号：系江苏金运农业科技发展有限公司选育的小麦新品种，该品种 2018 年为生产试验。本生产试验平均亩产 365.6 千克，比对照扬麦 20 增产 3.8%，推荐审定。

相关结果见表 1～表 7。

表 1　2017—2018 年浙江省小麦区域试验和生产试验参试品种和申请（供种）单位表

试验类别	品种名称	亲本	申请（供种）单位
区域试验	襄麦 21（续）	襄麦 48/武农 148	湖北省襄阳市农业科学院
	嘉辐麦 158	扬麦 158 辐射	嘉兴市农业科学研究院
	科麦 668	宁麦 12 变异株系	慈溪市农业科学研究所、慈溪市农业技术推广中心
	未来 8168	温麦 10 号/郑麦 9023	安徽未来种业有限公司
	温麦 143	扬 96-63/扬 96-152	温州市农业科学研究院、浙江科诚种业股份有限公司
	浙杭麦 1541	郑麦 9023/P326	杭州种业集团有限公司、浙江省农业科学院作物与核技术利用研究所
	浙华 1 号	（华矮 01/川 8910）/（华麦 12/鄂麦 12）	华中农业大学植物科学技术学院、浙江省农业科学院作物与核技术利用研究所
	浙麦 1456	南农 9918/郑麦 9023	浙江省农业科学院作物与核技术利用研究所
	科运麦 1611	宁麦 14/ 扬麦 11	浙江科诚种业股份有限公司，江苏金运农业科技发展有限公司
	金单麦 1 号	宁麦 14/镇麦 10	江苏金运农业科技发展有限公司、常州市金坛种子有限公司
	金科麦 1638	宁麦 14/ 扬麦 158	杭州众诚农业科技有限公司
	扬麦 20（CK）	扬 9/扬 10	江苏里下河地区农业科学研究所
生产试验	金运麦 3 号	扬麦 158/宁麦 14	江苏金运农业科技发展有限公司
	扬麦 20（CK）	扬 9/扬 10	江苏里下河地区农业科学研究所

表2　2017—2018年浙江省小麦区域试验和生产试验参试品种产量表

试验类别	品种名称	2018年					2017年		两年平均	
		小区产量/千克	亩产/千克	亩产与对照比较/%	差异显著性		亩产/千克	亩产与对照比较/%	亩产/千克	亩产与对照比较/%
					0.05	0.01				
区域试验	金单麦1号	7.640	382.0	5.2	a	A	/	/	/	/
	襄麦21（续）	7.471	373.6	2.8	ab	A	355.2	6.6	364.4	4.6
	浙华1号	7.401	370.0	1.9	abc	A	/	/	/	/
	扬麦20（CK）	7.266	363.3	0.0	abc	A	333.3	0.0	348.3	0.0
	科运麦1611	7.256	362.8	−0.1	abc	A	/	/	/	/
	科麦668	7.210	360.5	−0.8	abc	A	/	/	/	/
	金科麦1638	7.189	359.4	−1.1	abc	A	/	/	/	/
	嘉辐麦158	6.879	344.0	−5.3	abc	A	/	/	/	/
	未来8168	6.859	342.9	−5.6	bc	A	/	/	/	/
	温麦143	6.775	338.8	−6.8	bc	A	/	/	/	/
	浙麦1456	6.692	334.6	−7.9	c	A	/	/	/	/
	浙杭麦1541	6.632	331.6	−8.7	c	A	/	/	/	/
生产试验	金运麦3号	/	365.6	3.8	/	/	/	/	/	/
	扬麦20（CK）	/	352.3	0.0	/	/	/	/	/	/

表3　2017—2018年浙江省小麦区域试验参试品种经济性状表

品种名称	年份	全生育期/天	全生育期与对照比较/天	基本苗数/（万株/亩）	最高苗数/（万株/亩）	有效穗数/（万穗/亩）	成穗率/%	株高/厘米	穗长/厘米	实粒数/（粒/穗）	千粒重/克
襄麦21（续）	2018	180.0	1.9	16.2	51.7	30.0	57.9	78.2	7.9	35.2	43.3
	2017	179.2	0.8	14.9	48.5	29.6	61.1	78.6	7.5	35.4	40.8
	平均	179.6	1.3	15.5	50.1	29.8	59.5	78.4	7.7	35.3	42.1
嘉辐麦158	2018	177.1	−1.0	17.6	48.2	26.0	53.8	90.9	9.2	41.8	42.9
金单麦1号	2018	176.7	−1.4	16.1	51.5	25.7	49.9	82.5	9.3	40.3	42.1
金科麦1638	2018	176.0	−2.1	16.2	45.3	26.3	58.0	80.0	8.7	37.7	44.6
科麦668	2018	178.4	0.3	16.6	48.8	29.1	59.6	76.3	7.8	37.0	40.6
科运麦1611号	2018	177.7	−0.4	15.2	47.5	23.8	50.1	85.1	9.7	36.9	50.0
未来8168	2018	177.6	−0.5	13.7	42.9	26.7	62.2	77.9	9.2	35.5	48.2
温麦143	2018	178.7	0.6	16.0	49.2	24.9	50.7	82.8	10.3	39.5	45.1
浙杭麦1541	2018	175.9	−2.2	15.0	44.6	25.9	57.9	80.0	9.9	39.2	39.1

（续表）

品种名称	年份	全生育期/天	全生育期与对照比较/天	基本苗数/（万株/亩）	最高苗数/（万株/亩）	有效穗数/（万穗/亩）	成穗率/%	株高/厘米	穗长/厘米	实粒数/（粒/穗）	千粒重/克
浙华1号	2018	180.1	2.0	16.2	49.8	30.4	61.0	79.3	8.8	35.3	40.7
浙麦1456	2018	177.7	-0.4	15.7	47.6	25.4	53.4	81.5	9.8	45.1	38.3
扬麦20（CK）	2017	178.4	0.0	13.7	45.5	27.2	59.8	84.3	8.6	35.4	40.3
	2018	178.1	0.0	14.9	47.7	25.8	54.2	82.4	9.6	42.4	41.8
	平均	178.3	0.0	14.3	46.6	26.5	57.0	83.3	9.1	38.9	41.1

表4 2017—2018年浙江省小麦区域试验参试品种农艺性状表

品种名称	年份	整齐度	穗形	壳色	芒	粒色	籽粒饱满度	粒质
襄麦21（续）	2017	好	长方	白	长芒	红皮	饱满	硬质
	2018	好	圆锥	白	长芒	粉红	较饱	半硬质
	平均	好	长方	白	长芒	红	饱满	硬质
嘉辐麦158	2018	好	长方	白	长芒	红	中等	半硬质
科麦668	2018	好	圆锥	白	长芒	粉红	中等	粉质
未来8168	2018	好	长方	白	长芒	红	较饱	半硬质
温麦143	2018	好	圆锥	白	长芒	粉红	饱满	粉质
浙杭麦1541	2018	较差	圆锥	白	长芒	红	欠饱	半硬质
浙华1号	2018	好	圆锥	白	长芒	红	饱满	半硬质
浙麦1456	2018	好	圆锥	白	长芒	粉红	饱满	粉质
科运麦1611	2018	好	长方	白	长芒	红	中等	硬质
金单麦1号	2018	好	长方	白	长芒	红	较饱	半硬质
金科麦1638	2018	好	长方	白	长芒	粉红	较饱	粉质
扬麦20（CK）	2017	好	长方	白	长芒	红	饱满	硬质
	2018	好	长方	白	长芒	红色	欠饱	硬质
	平均	好	长方	白	长芒	红色	中等	硬质

注：两年差距较大的以2018年的数据为准。

表5 2017—2018年浙江省小麦区域试验参试品种赤霉病抗性表

品种名称	年份	发病率/%	平均反应级	抗性等级
襄麦21（续）	2017	100	3.15	MS
	2018	100	3.05	MS
	平均	100	3.10	MS
嘉辐麦158	2018	100	2.30	MR
科麦668	2018	100	2.50	MR

品种名称	年份	发病率/%	平均反应级	抗性等级
未来 8168	2018	100	2.00	MR
温麦 143	2018	100	2.35	MR
浙杭麦 1541	2018	100	2.40	MR
浙华 1 号	2018	100	2.80	MR
浙麦 1456	2018	100	3.45	MS
科运麦 1611	2018	100	2.45	MR
金单麦 1 号	2018	100	2.85	MR
金科麦 1638	2018	100	3.05	MS
金运麦 3 号	2018	100	2.70	MR
扬麦 20（CK）	2017	100	2.25	MR
	2018	100	2.90	MR
	平均	100	2.58	MR

注：① 因病菌接种方式和评价标准有所改进，两年的抗性鉴定结果有所差异，考虑到年度间发病环境的影响，综合评价以抗性表现较差的一年为依据。

② 新的分级标准：抗（R），平均反应级<1.7；中抗（MR），1.7≤平均反应级<3.0；中感（MS），3.0≤平均反应级<3.5；感（S），平均反应级≥3.5。

表6　2017—2018 年浙江省小麦区域试验参试品种品质表

品种名称	年份	容重/（克/升）	粗蛋白干基含量/%	湿面筋含量/%	Zenely 沉淀值/毫升	吸水量/（毫升/100 克）	稳定时间/分钟	最大拉伸阻力/E.U	延伸性/毫米	能量/厘米²	综合品质
襄麦 21（续）	2018	804	11.52	23.7	17.5	52.0	4.4	184	142	40	/
	2017	781	9.76	17.1	14.0	50.9	2.6	98	135	20	弱筋
嘉辐麦 158	2018	808	11.81	23.9	39.5	61.8	1.1	205	163	45	/
科麦 668	2018	818	10.10	18.8	16.2	52.5	2.2	279	123	51	弱筋
未来 8168	2018	800	13.43	27.6	31.0	65.6	1.6	192	174	46	/
温麦 143	2018	812	11.18	21.1	23.5	51.7	1.2	387	120	63	弱筋
浙杭麦 1541	2018	792	11.89	20.8	31.5	50.0	1.6	653	121	101	弱筋
浙华 1 号	2018	790	11.34	17.1	25.0	53.8	0.8	231	126	40	弱筋
浙麦 1456	2018	816	10.86	20.8	22.5	52.0	1.2	127	152	28	弱筋
科运麦 1611	2018	778	11.84	22.9	31.0	61.3	2.9	211	137	41	/
金单麦 1 号	2018	802	10.51	17.3	25.0	51.6	1.6	410	130	69	弱筋
金科麦 1638	2018	788	10.38	19.3	23.8	54.9	2.3	266	141	54	弱筋
扬麦 20（CK）	2018	794	10.58	20.7	22.5	52.1	1.3	305	117	50	弱筋
	2017	777	10.19	18.1	19.2	53.6	0.8	150	117	26	弱筋

注：审定办法要求：容重≥750 克/升。

表7 2018年浙江省小麦区域试验和生产试验参试品种各试点产量表

单位：千克/亩

试验类别	品种名称	平均	省农科	湖州	嘉兴	临安	天台	勿忘农	萧山	上虞	增产点率/%
区域试验	襄麦21（续）	373.6	342.5	357.5	420.0	387.2	397.5	报废	336.7	报废	71.43
	金单麦1号	382.0	371.7	356.7	404.0	441.0	342.1	报废	376.7	报废	85.71
	浙华1号	370.0	313.3	368.5	396.8	410.5	391.0	报废	340.0	报废	85.71
	科运麦1611	362.8	318.3	366.8	373.2	422.0	373.1	报废	323.3	报废	57.14
	科麦668	360.5	297.5	341.2	400.0	368.2	389.4	报废	366.7	报废	28.57
	金科麦1638	359.4	285.0	373.2	364.5	367.7	376.3	报废	390.0	报废	42.86
	嘉辐麦158	344.0	334.2	322.5	347.0	324.3	397.5	报废	338.3	报废	28.57
	未来8168	342.9	305.8	315.3	419.2	349.3	307.9	报废	360.0	报废	14.29
	温麦143	338.8	316.7	307.5	365.0	313.5	364.9	报废	365.0	报废	14.29
	浙麦1456	334.6	312.5	311.8	388.8	272.3	338.9	报废	383.3	报废	42.86
	浙杭麦1541	331.6	327.5	285.0	338.2	317.3	369.8	报废	351.7	报废	28.57
	扬麦20（CK）	363.3	310.0	350.2	387.2	394.2	368.2	报废	370.0	报废	/
生产试验	金运麦3号	365.6	302.7	412.5	422.6	353.9	331.9	报废	369.7	报废	/
	扬麦20（CK）	352.3	301.8	338.5	412.6	341.5	362.6	报废	357.1	报废	/

（刘鑫整理汇总）

2018 年浙江省普通玉米生产试验总结

浙江省种子管理总站

一、试验概况

生产试验参试品种见表 1。试验采用大区对比，不设重复，大区面积 0.3～0.5 亩，四周设保护行。所有参试品种同期播种、移栽，其他田间管理按当地习惯进行，及时防治病虫害，观察记载项目和标准按试验方案及《浙江省玉米区域试验和生产试验技术操作规程（试行）》进行。

试验承试单位 7 个，分别为东阳玉米研究所、杭州临安区种子种苗管理站、仙居县种子管理站、江山市种子管理站、慈溪市农业科学研究所、淳安县种子管理站和嵊州市农业科学研究所。仙居县种子管理站试点试验数据报废，未予以汇总。品质由农业部稻米及其制品质量监督检验测试中心（杭州）检测，检测样品由东阳玉米研究所提供，抗性鉴定由东阳玉米研究所承担。

二、试验结果

1. 产量：据 6 个试点的产量结果汇总分析，鲁单 818 亩产为 598.7 千克，比对照郑单 958 增产 7.9%；NK718 亩产为 564.8 千克，比对照郑单 958 增产 1.8%；浙单 14 亩产为 564.1 千克，比对照郑单 958 增产 1.6%。

2. 生育期：生育期变幅为 102.5～106.0 天。其中，对照品种郑单 958 最短，浙单 14 最长。

三、品种简评

1. 鲁单 818：系山东省农业科学院玉米研究所、临安农科种业有限公司选育的普通玉米杂交品种。本区域试验平均亩产 598.7 千克，比对照郑单 958 增产 7.9%。该品种生育期 103.8 天，比对照郑单 958 长 1.3 天。株型紧凑，株高 249.0 厘米，穗位高 86.9 厘米，空秆率 0%，倒伏率 0%，倒折率 0%。果穗筒形，籽粒黄色，半马齿形，轴红色，穗长 20.0 厘米，穗粗 5.0 厘米，轴粗 3.2 厘米，秃尖长 1.1 厘米，穗行数 14.2 行，行粒数 37.5 粒，千粒重 355.2 克。经专业组讨论，暂不报审定。

2. NK718：系合肥丰乐种业股份有限公司、临安农科种业有限公司选育的普通玉米杂交品种。本区域试验平均亩产 564.8 千克，比对照郑单 958 增产 1.8%。该品种生育期 103.7 天，比对照郑单 958 长 1.2 天。株型紧凑，株高 278.9 厘米，穗位高 102.8 厘米，空秆率 0%，倒伏率 0%，倒折率 0%。果穗筒形，籽粒黄色，半马齿形，轴白色，穗长 17.7 厘米，穗粗 5.3 厘米，轴粗 3.2 厘米，秃尖长 1.2 厘米，穗行数 16.6 行，行粒数 35.6 粒，千粒重 329.0 克。经专业组讨论，建议报审。

3. 浙单 14：系东阳玉米研究所选育的普通玉米杂交品种。本区域试验平均亩产 564.1 千克，比对照郑单958增产1.6%。该品种生育期106.0天，比对照郑单958长3.5天。株型紧凑，株高269.3厘米，穗位高89.0厘米，空秆率0.2%，倒伏率0%，倒折率0%。果穗筒形，籽粒黄色，半马齿形，轴白色，穗长19.5厘米，穗粗5.3厘米，轴粗3.2厘米，秃尖长2.7厘米，穗行数16.4行，行粒数33.0粒，千粒重346.1克。经专业组讨论，建议报审。

相关结果见表1～表4。

表1 2018年浙江省普通玉米生产试验参试品种和申报（供种）单位表

品种名称	亲本	申报（供种）单位
鲁单818	Qx508×Qxh0121	山东省农业科学院玉米研究所、临安农科种业有限公司
NK718	京464×京2416	合肥丰乐种业股份有限公司、临安农科种业有限公司
浙单14	MZ6×D598	东阳玉米研究所
郑单958（CK）	/	杭州市良种引进公司

表2 2018年浙江省普通玉米生产试验参试品种产量表

单位：千克/亩

品种名称	亩产	亩产与对照比较/%	淳安	慈溪	东阳	江山	临安	嵊州所
鲁单818	598.7	7.9	589.6	589.5	569.7	590.4	644.3	608.4
NK718	564.8	1.8	576.5	490.2	525.8	546	633.7	616.7
浙单14	564.1	1.6	563.6	498.7	600.8	565.8	560.0	595.9
郑单958（CK）	555.0	0.0	555.8	498.2	525.5	547.8	602.5	600.0

表3 2018年浙江省普通玉米生产试验参试品种生育期和植株性状表

品种名称	生育期/天	株高/厘米	穗位高/厘米	株型	空秆率/%	倒伏率/%	倒折率/%
鲁单818	103.8	249.0	86.9	紧凑	0	0	0
NK718	103.7	278.9	102.8	紧凑	0	0	0
浙单14	106.0	269.3	89.0	紧凑	0.2	0	0
郑单958（CK）	102.5	243.2	93.5	紧凑	0	0	0

表4 2018年浙江省普通玉米生产试验参试品种果穗性状表

品种名称	穗长/厘米	穗粗/厘米	轴粗/厘米	秃尖长/厘米	穗形	穗行数/行	行粒数/粒	轴色	粒形	粒色	千粒重/克
鲁单818	20.0	5.0	3.2	1.1	筒	14.2	37.5	红色	半马齿	黄	355.2
NK718	17.7	5.3	3.2	1.2	筒	16.6	35.6	白色	半马齿	黄	329.0
浙单14	19.5	5.3	3.2	2.7	筒	16.4	33.0	白色	半马齿	黄	346.1
郑单958（CK）	17.2	5.0	3.0	0.8	筒	14.7	36.4	白色	半马齿	黄	323.7

（俞琦英整理汇总）

2018 年浙江省普通玉米区域试验和生产试验总结

浙江勿忘农种业股份有限公司

一、试验概况

区域试验和生产试验参试品种见表 1。区域试验采用随机区组设计，重复三次，小区面积 20 平方米，四周设保护行。生产试验采用大区对比，不设重复，大区面积 0.3～0.5 亩，试验种植密度要求 3500 株/亩。试验田要求土地平整，排灌方便，肥力中等以上，四周设保护行，播种、移栽等栽培管理按当地习惯进行，并做好防病治虫工作。

区域试验和生产试验承试单位均 5 个，分别为浙江勿忘农种业股份有限公司、东阳市玉米研究所、淳安县种子管理站、开化县种子技术推广站、嵊州市农业科学研究所。品质分析委托农业部稻米及制品质量监督检验测试中心（杭州）承担；检测样品由浙江勿忘农种业股份有限公司提供，抗性鉴定由东阳玉米研究所承担。

二、试验结果

（一）区域试验

1. 产量：据 5 个试点的产量结果汇总分析，参试品种中平均亩产最高的是钱玉 188 达 557.1 千克，比对照郑单 958 增产 9.9%，达显著水平；其次是钱玉 183，达 551.0 千克，比对照郑单 958 增产 8.7%，达显著水平；第三是钱玉 187，达 534.7 千克，比对照郑单 958 增产 5.5%，未达显著水平；比对照郑单 958 增产的还有东单 6531 和钱玉 175；其余参试品种均比对照郑单 958 减产。

2. 生育期：生育期变幅为 99.8～105.6 天，其中，钱玉 182 最短，钱玉 185 最长。

3. 品质：经农业部稻米及制品质量监督检验测试中心（杭州）检测，容重含量变幅为 720～754 克/升，其中，钱玉 186 最高，钱玉 188 最低；蛋白质含量变幅为 7.11%～8.23%，其中，东单 6531 最高，钱玉 184 最低；脂肪含量变幅为 3.7%～4.8%，其中，钱玉 187 最高，钱玉 181 最低；淀粉含量变幅为 66.8%～70.5%，其中，郑单 958 最高，钱玉 186 最低；赖氨酸（水解）含量变幅为 255～318 毫克/100 克，其中，郑单 958 最高，钱玉 184 最低。

4. 抗性：经东阳玉米研究所抗性鉴定，2018 年玉米小斑病除钱玉 185、钱玉 188、钱玉 175 表现为中抗，其余参试品种均表现为抗。2018 年玉米茎腐病钱玉 181、钱玉 188、钱玉 175、东单 6531 表现为高抗，钱玉 184、郑单 958 表现为抗，钱玉 186 表现为感，其余参试品种均表现为中抗。2018 年玉米纹枯病钱玉 182 表现为高感，钱玉 181、钱玉 183、钱玉 184 表现为感，其余参试品种均为中抗。

（二）生产试验

据 5 个试点的产量结果汇总分析，钱玉 175 平均亩产 516.3 千克，比对照郑单 958 增产 3.0%；东单 6531 平均亩产 508.0 千克，比对照郑单 958 增产 1.4%。

三、品种简评

（一）区域试验

1. 钱玉 181：系浙江勿忘农种业股份有限公司选育的普通玉米杂交品种。本区域试验平均亩产 430.7 千克，比对照郑单 958 减产 15.0%，达极显著水平。该品种生育期 100.2 天，比对照郑单 958 短 0.2 天。株型半紧凑，株高 221.1 厘米，穗位高 73.9 厘米，空秆率 1.0%，倒伏率 0%，倒折率 0%。果穗筒形，籽粒黄色，半马齿形，轴红色，穗长 17.5 厘米，穗粗 4.9 厘米，轴粗 2.9 厘米，秃尖长 0.8 厘米，穗行数 16.6 行，行粒数 33.9 粒，千粒重 282.6 克。品质经农业部稻米及制品质量监督检验测试中心（杭州）检测，籽粒容重 724 克/升，蛋白质含量 7.44%，脂肪含量 3.7%，淀粉含量 68.6%，赖氨酸（水解）含量 286 毫克/100 克。该品种抗小斑病，高抗茎腐病，感纹枯病，抗镰孢穗腐病。

2. 钱玉 182：系浙江勿忘农种业股份有限公司选育的普通玉米杂交品种。本区域试验平均亩产 415.2 千克，比对照郑单 958 减产 18.1%，达极显著水平。该品种生育期 99.8 天，比对照郑单 958 短 0.6 天。株型半紧凑，株高 207.5 厘米，穗位高 67.1 厘米，空秆率 0.5%，倒伏率 1.2%，倒折率 0%。果穗筒形，籽粒黄色，半马齿形，轴红色，穗长 17.1 厘米，穗粗 4.3 厘米，轴粗 2.5 厘米，秃尖长 0.9 厘米，穗行数 13.0 行，行粒数 37.3 粒，千粒重 263.5 克。品质经农业部稻米及制品质量监督检验测试中心（杭州）检测，籽粒容重 743 克/升，蛋白质含量 7.35%，脂肪含量 3.8%，淀粉含量 69.5%，赖氨酸（水解）含量 268 毫克/100 克。该品种抗小斑病，中抗茎腐病，高感纹枯病，抗镰孢穗腐病。

3. 钱玉 183：系浙江勿忘农种业股份有限公司选育的普通玉米杂交品种。本区域试验平均亩产 551.0 千克，比对照郑单 958 增产 8.7%，达显著水平。该品种生育期 102.4 天，比对照郑单 958 长 2.0 天。株型半紧凑，株高 234.3 厘米，穗位高 79.9 厘米，空秆率 0.4%，倒伏率 2.0%，倒折率 0.4。果穗长筒形，籽粒黄色，半马齿形，轴红色，穗长 20.5 厘米，穗粗 4.7 厘米，轴粗 2.9 厘米，秃尖长 0.7 厘米，穗行数 15.7 行，行粒数 43.3 粒，千粒重 256.7 克。品质经农业部稻米及制品质量监督检验测试中心（杭州）检测，籽粒容重 727 克/升，蛋白质含量 7.63%，脂肪含量 4.1%，淀粉含量 69.1%，赖氨酸（水解）含量 277 毫克/100 克。该品种抗小斑病，中抗茎腐病，感纹枯病，抗镰孢穗腐病。

4. 钱玉 184：系浙江勿忘农种业股份有限公司选育的普通玉米杂交品种。本区域试验平均亩产 496.8 千克，比对照郑单 958 减产 2.0%，未达显著水平。该品种生育期 102.8 天，比对照郑单 958 长 2.4 天。株型半紧凑，株高 221.0 厘米，穗位高 78.4 厘米，空秆率 2.0%，倒伏率 1.5%，倒折率 0.9%。果穗长筒形，籽粒黄色，半马齿形，轴红色，穗长 20.4 厘米，穗粗 4.7 厘米，轴粗 3.0 厘米，秃尖长 1.9 厘米，穗行数 17.0 行，行粒数 36.0 粒，千粒重 253.0 克。品质经农业部稻米及制品质量监督检验测试中心（杭州）检测，籽粒容重 726 克/升，蛋白质含量 7.11%，脂肪含量 3.9%，淀粉含量 68.1%，赖氨酸（水解）含量 255 毫克/100 克。该品种抗小斑病，抗茎腐病，感纹枯病，抗镰孢穗腐病。

5. 钱玉 185：系浙江勿忘农种业股份有限公司选育的普通玉米杂交品种。本区域试验平均亩产 393.8 千克，比对照郑单 958 减产 22.3%，达极显著水平。该品种生育期 105.6 天，比对照郑单 958 短长 5.2

天。株型紧凑，株高 246.0 厘米，穗位高 77.8 厘米，空秆率 3.3%，倒伏率 2.0%，倒折率 0.4%。果穗长筒形，籽粒黄色，半马齿形，轴红色，穗长 19.9 厘米，穗粗 4.6 厘米，轴粗 3.1 厘米，秃尖长 2.1 厘米，穗行数 13.2 行，行粒数 37.1 粒，千粒重 322.1 克。品质经农业部稻米及制品质量监督检验测试中心（杭州）检测，籽粒容重 733 克/升，蛋白质含量 7.16%，脂肪含量 3.9%，淀粉含量 67.5%，赖氨酸（水解）含量 314 毫克/100 克。该品种中抗小斑病，中抗茎腐病，中抗纹枯病，抗镰孢穗腐病。

6. 钱玉 186：系浙江勿忘农种业股份有限公司选育的普通玉米杂交品种。本区域试验平均亩产 443.7 千克，比对照郑单 958 减产 12.5%，达极显著水平。该品种生育期 101.4 天，比对照郑单 958 长 1.0 天。株型半紧凑，株高 227.6 厘米，穗位高 79.8 厘米，空秆率 0.9%，倒伏率 1.2%，倒折率 0%。果穗筒形，籽粒黄色，半马齿形，轴红色，穗长 17.9 厘米，穗粗 4.4 厘米，轴粗 2.8 厘米，秃尖长 0.8 厘米，穗行数 14.2 行，行粒数 38.4 粒，千粒重 290.4 克。品质经农业部稻米及制品质量监督检验测试中心（杭州）检测，籽粒容重 754 克/升，蛋白质含量 7.54%，脂肪含量 4.3%，淀粉含量 66.8%，赖氨酸（水解）含量 306 毫克/100 克。该品种抗小斑病，感茎腐病，中抗纹枯病，抗镰孢穗腐病。

7. 钱玉 187：系浙江勿忘农种业股份有限公司选育的普通玉米杂交品种。本区域试验平均亩产 534.7 千克，比对照郑单 958 增产 5.5%，未达显著水平。该品种生育期 103.8 天，比对照郑单 958 长 3.4 天。株型紧凑，株高 234.9 厘米，穗位高 82.7 厘米，空秆率 0.8%，倒伏率 2.8%，倒折率 0.4%。果穗长筒形，籽粒黄色，半马齿形，轴红色，穗长 20.9 厘米，穗粗 4.5 厘米，轴粗 2.9 厘米，秃尖长 0.6 厘米，穗行数 14.1 行，行粒数 36.6 粒，千粒重 316.8 克。品质经农业部稻米及制品质量监督检验测试中心（杭州）检测，籽粒容重 745 克/升，蛋白质含量 8.19%，脂肪含量 4.8%，淀粉含量 67.4%，赖氨酸（水解）含量 307 毫克/100 克。该品种抗小斑病，中抗茎腐病，中抗纹枯病，抗镰孢穗腐病。

8. 钱玉 188：系浙江勿忘农种业股份有限公司选育的普通玉米杂交品种。本区域试验平均亩产 557.1 千克，比对照郑单 958 增产 9.9%，达显著水平。该品种生育期 104.6 天，比对照郑单 958 长 4.2 天。株型半紧凑，株高 251.0 厘米，穗位高 90.8 厘米，空秆率 1.5%，倒伏率 0.8%，倒折率 0%。果穗筒形，籽粒黄色，半马齿形，轴红色，穗长 16.9 厘米，穗粗 5.4 厘米，轴粗 3.4 厘米，秃尖长 1.0 厘米，穗行数 18.1 行，行粒数 33.3 粒，千粒重 301.2 克。品质经农业部稻米及制品质量监督检验测试中心（杭州）检测，籽粒容重 720 克/升，蛋白质含量 7.73%，脂肪含量 4%，淀粉含量 69.9%，赖氨酸（水解）含量 270 毫克/100 克。该品种中抗小斑病，高抗茎腐病，中抗纹枯病，抗镰孢穗腐病。

9. 钱玉 175：系浙江勿忘农种业股份有限公司选育的普通玉米杂交品种，该品种第二年参试。2018 年区域试验平均亩产 517.6 千克，比对照郑单 958 增产 2.1%，未达显著水平；2017 年区域试验平均亩产 501.6 千克，比对照郑单 958 增产 6.7%，未达显著水平；两年平均亩产 508.1 千克，比对照郑单 958 增产 4.4%。该品种 2018 年生育期 102.2 天，比对照郑单 958 长 1.8 天。株型紧凑，株高 244.4 厘米，穗位高 83.3 厘米，空秆率 1.2%，倒伏率 1.2%，倒折率 0%。果穗长筒形，籽粒黄色，半马齿形，轴红色，穗长 19.7 厘米，穗粗 4.4 厘米，轴粗 2.5 厘米，秃尖长 1.2 厘米，穗行数 14.0 行，行粒数 36.5 粒，千粒重 306.0 克。品质经农业部稻米及制品质量监督检验测试中心（杭州）2018 年检测，籽粒容重 751 克/升，蛋白质含量 7.87%，脂肪含量 3.9%，淀粉含量 70.0%，赖氨酸（水解）含量 309 毫克/100 克。该品种中抗小斑病，高抗茎腐病，中抗纹枯病，抗镰孢穗腐病。

10. 东单 6531：系辽宁东亚种业有限公司选育的普通玉米杂交品种，该品种第二年参试。2018 年区域试验平均亩产 520.0 千克，比对照郑单 958 增产 2.6%，未达显著水平；2017 年区域试验平均亩产 503.1

千克，比对照郑单 958 增产 7.0%，未达显著水平；两年平均亩产 511.6 千克，比对照郑单 958 增产 4.8%。该品种 2018 年生育期 105.0 天，比对照郑单 958 长 4.6 天。株型半紧凑，株高 269.1 厘米，穗位高 78.9 厘米，空秆率 2.4%，倒伏率 1.0%，倒折率 0%。果穗筒形，籽粒黄色，半马齿形，轴红色，穗长 18.5 厘米，穗粗 4.6 厘米，轴粗 2.7 厘米，秃尖长 0.4 厘米，穗行数 16.4 行，行粒数 38.2 粒，千粒重 300.7 克。品质经农业部稻米及制品质量监督检验测试中心（杭州）2018 年检测，籽粒容重 746 克/升，蛋白质含量 8.23%，脂肪含量 3.8%，淀粉含量 70.3%，赖氨酸（水解）含量 277 毫克/100 克。该品种抗小斑病，高抗茎腐病，中抗纹枯病，抗镰孢穗腐病。

（二）生产试验

1. 钱玉 175：系浙江勿忘农种业股份有限公司选育的普通玉米杂交品种。本区域试验平均亩产 516.3 千克，比对照郑单 958 增产 3.0%；倒伏率 1.4%，倒折率 0%。

2. 东单 6531：系辽宁东亚种业有限公司选育的普通玉米杂交品种。本区域试验平均亩产 508.0 千克，比对照郑单 958 增产 1.4%；倒伏率 1.0%，倒折率 0%。

相关结果见表 1～表 6。

表 1　2018 年普通玉米区域试验和生产试验参试品种和申请（供种）单位表

试验类别	品种名称	申报（供种）单位
区域试验	钱玉 181	浙江勿忘农种业股份有限公司
	钱玉 182	浙江勿忘农种业股份有限公司
	钱玉 183	浙江勿忘农种业股份有限公司
	钱玉 184	浙江勿忘农种业股份有限公司
	钱玉 185	浙江勿忘农种业股份有限公司
	钱玉 186	浙江勿忘农种业股份有限公司
	钱玉 187	浙江勿忘农种业股份有限公司
	钱玉 188	浙江勿忘农种业股份有限公司
	钱玉 175（续）	浙江勿忘农种业股份有限公司
	东单 6531（续）	辽宁东亚种业有限公司
	郑单 958（CK）	浙江勿忘农种业股份有限公司
生产试验	钱玉 175	浙江勿忘农种业股份有限公司
	东单 6531	辽宁东亚种业有限公司
	郑单 958（CK）	浙江勿忘农种业股份有限公司

表2 2017—2018年普通玉米区域试验和生产试验参试品种产量表

试验类别	品种名称	年份	亩产/千克	亩产与对照比较/%	差异显著性		各试点亩产/千克				
					0.05	0.01	勿忘农	东阳	淳安	嵊州所	开化
区域试验	钱玉188	2018	557.1	9.9	a	A	502.4	586.6	567.3	472.7	656.4
	钱玉183	2018	551.0	8.7	ab	A	500.5	565.6	503.3	503.0	682.4
	钱玉187	2018	534.7	5.5	abc	AB	447.1	564.6	486.0	516.3	659.5
	东单6531（续）	2018	520.0	2.6	abc	AB	447.6	585.3	508.3	495.0	563.8
		2017	503.1	7.0	ab	AB	517.8	413.2	482.6	570.0	532.0
		平均	511.6	4.8	/	/	482.7	499.3	495.5	532.5	547.9
	钱玉175（续）	2018	517.6	2.1	bc	AB	440.8	571.6	472.7	491.6	611.1
		2017	501.6	6.7	abc	AB	506.7	416.7	488.6	557.0	539.0
		平均	508.1	4.4	/	/	473.8	494.2	480.7	524.3	575.1
	郑单958（CK）	2018	507.0	0.0	c	AB	423.0	563.6	465.0	472.8	610.6
		2017	470.3	0.0	bcd	ABC	468.9	384.5	472.1	510.0	515.9
		平均	488.7	0.0	/	/	446.0	474.1	468.6	491.4	563.3
	钱玉184	2018	496.8	-2.0	c	B	429.7	526.9	492.0	473.7	561.7
	钱玉186	2018	443.7	-12.5	d	C	410.5	460.0	406.7	434.3	506.9
	钱玉181	2018	430.7	-15.0	de	C	386.9	457.9	366.3	410.3	532.3
	钱玉182	2018	415.2	-18.1	de	C	346.5	469.9	380.0	398.9	480.7
	钱玉185	2018	393.8	-22.3	e	C	359.5	477.2	360.0	369.9	402.6
生产试验	钱玉175	2018	516.3	3.0	/	/	442.2	509.6	500.0	485.7	644.0
	东单6531	2018	508.0	1.4	/	/	461.2	512.2	461.5	494.5	610.7
	郑单958（CK）	2018	501.1	0.0	/	/	424.4	501.4	498.9	478.9	602.06

表3 2017—2018年普通玉米品种试验品种生育期和植株性状表

试验类别	品种名称	年份	生育期/天	株高/厘米	穗位高/厘米	株型	空秆率/%	倒伏率/%	倒折率/%
区域试验	钱玉181	2018	100.2	221.1	73.9	半紧凑	1.0	0.0	0.0
	钱玉182	2018	99.8	207.5	67.1	半紧凑	0.5	1.2	0.0
	钱玉183	2018	102.4	234.3	79.9	半紧凑	0.4	2.0	0.4
	钱玉184	2018	102.8	221.0	78.4	半紧凑	2.0	1.5	0.9
	钱玉185	2018	105.6	246.0	77.8	紧凑	3.3	2.0	0.4
	钱玉186	2018	101.4	227.6	79.8	半紧凑	0.9	1.2	0.0
	钱玉187	2018	103.8	234.9	82.7	紧凑	0.8	2.8	0.4
	钱玉188	2018	104.6	251.0	90.8	半紧凑	1.5	0.8	0.0

（续表）

试验类别	品种名称	年份	生育期/天	株高/厘米	穗位高/厘米	株型	空秆率/%	倒伏率/%	倒折率/%
区域试验	钱玉175（续）	2018	102.2	244.4	83.3	紧凑	1.2	1.2	0.0
		2017	107.0	258.4	91.7	半紧凑	0.3	0.0	0.0
		平均	104.6	251.4	87.5	/	0.8	0.6	0.0
	东单6531（续）	2018	105.0	269.1	78.9	半紧凑	2.4	1.0	0.0
		2017	110.4	286.0	99.4	半紧凑	1.9	1.6	1.7
		平均	107.7	277.6	89.2	/	2.1	1.3	0.9
	郑单958（CK）	2018	100.4	215.7	80.2	紧凑	0.6	0.6	0.0
		2017	105.0	219.1	84.2	紧凑	0.0	3.2	1.2
		平均	102.7	217.4	82.2	/	0.3	1.9	0.6
生产试验	钱玉175	2018	/	/	/	/	/	1.4	0
	东单6531	2018	/	/	/	/	/	1.0	0
	郑单958（CK）	2018	/	/	/	/	/	0.8	0

表4　2017—2018年普通玉米区域试验参试品种果穗性状表

品种名称	年份	穗长/厘米	穗粗/厘米	轴粗/厘米	秃尖长/厘米	穗形	穗行数/行	行粒数/粒	轴色	粒形	粒色	千粒重/克
钱玉181	2018	17.5	4.9	2.9	0.8	筒	16.6	33.9	红	半马齿	黄	282.6
钱玉182	2018	17.1	4.3	2.5	0.9	筒	13.0	37.3	红	半马齿	黄	263.5
钱玉183	2018	20.5	4.7	2.9	0.7	长筒	15.7	43.3	红	半马齿	黄	256.7
钱玉184	2018	20.4	4.7	3.0	1.9	长筒	17.0	36.0	红	半马齿	黄	253.0
钱玉185	2018	19.9	4.6	3.1	2.1	长筒	13.2	37.1	红	半马齿	黄	322.1
钱玉186	2018	17.9	4.4	2.8	0.8	筒	14.2	38.4	红	半马齿	黄	290.4
钱玉187	2018	20.9	4.5	2.9	0.6	长筒	14.1	36.6	红	半马齿	黄	316.8
钱玉188	2018	16.9	5.4	3.4	1.0	筒	18.1	33.3	红	半马齿	黄	301.2
钱玉175（续）	2018	19.7	4.4	2.5	1.2	长筒	14.0	36.5	红	半马齿	黄	306.0
	2017	19.2	4.4	2.5	2.3	筒	14.3	32.3	红	半马齿	黄	333.3
	平均	19.5	4.4	2.5	1.7	/	14.2	34.4	/	/	/	319.6
东单6531（续）	2018	18.5	4.6	2.7	0.4	筒	16.4	38.2	红	半马齿	黄	300.7
	2017	17.4	4.7	2.8	0.6	筒	16.5	36.9	红	半马齿	黄	269.7
	平均	18.0	4.7	2.8	0.5	/	16.5	37.6	/	/	/	285.2
郑单958（CK）	2018	16.9	4.7	2.7	0.7	筒	15.5	37.3	白	半马齿	黄	292.7
	2017	15.7	4.9	2.7	1.5	筒	15.4	31.6	白	半马齿	黄	300.3
	平均	16.3	4.8	2.7	1.1	/	15.4	34.5	/	/	/	296.5

表 5 2017—2018 年普通玉米区域试验参试品种品质表

品种名称	年份	容重/ （克/升）	蛋白质含量/ %	脂肪含量/ %	淀粉含量/ %	赖氨酸（水解）含量/ （毫克/100 克）
钱玉 181	2018	724	7.44	3.7	68.6	286
钱玉 182	2018	743	7.35	3.8	69.5	268
钱玉 183	2018	727	7.63	4.1	69.1	277
钱玉 184	2018	726	7.11	3.9	68.1	255
钱玉 185	2018	733	7.16	3.9	67.5	314
钱玉 186	2018	754	7.54	4.3	66.8	306
钱玉 187	2018	745	8.19	4.8	67.4	307
钱玉 188	2018	720	7.73	4	69.9	270
钱玉 175（续）	2018	751	7.87	3.9	70.0	309
	2017	770	8.50	3.8	70.3	714
	平均	760.5	8.19	3.9	70.2	512
东单 6531（续）	2018	746	8.23	3.8	70.3	277
	2017	766	8.40	3.6	71.1	528
	平均	756	8.32	3.7	70.7	403
郑单 958（CK）	2018	754	7.35	4	70.5	318
	2017	767	9.1	4.1	71.6	556
	平均	760.5	8.225	4.05	71.1	437

表 6 2017—2018 年普通玉米区域试验参试品种主要病虫害抗性表

品种名称	年份	大斑病		小斑病		纹枯病		茎腐病		镰孢穗腐病		南方锈病	
		病级	抗性评价	病级	抗性评价	病级	抗性评价	病情指数	抗性评价	病级	抗性评价	病情指数	抗性评价
钱玉 181	2018	/	/	3	R	66.95	S	2.56	HR	2.9	R	未发病	/
钱玉 182	2018	/	/	3	R	89.70	HS	14.63	MR	2.2	R	未发病	/
钱玉 183	2018	/	/	3	R	68.25	S	16.67	MR	1.6	R	未发病	/
钱玉 184	2018	/	/	3	R	75.24	S	7.89	R	2.1	R	未发病	/
钱玉 185	2018	/	/	5	MR	59.26	MR	12.12	MR	1.7	R	未发病	/
钱玉 186	2018	/	/	3	R	52.78	MR	38.50	S	1.6	R	未发病	/
钱玉 187	2018	/	/	3	R	51.00	MR	22.50	MR	1.7	R	未发病	/
钱玉 188	2018	/	/	5	MR	52.94	MR	0.00	HR	2.3	R	未发病	/

（续表）

品种名称	年份	大斑病		小斑病		纹枯病		茎腐病		镰孢穗腐病		南方锈病	
		病级	抗性评价	病级	抗性评价	病级	抗性评价	病情指数	抗性评价	病级	抗性评价	病情指数	抗性评价
钱玉175（续）	2018	/	/	5	MR	51.67	MR	0.00	HR	3.2	R	未发病	/
	2017	5	MR	5	MR	76.90	S	0.00	HR	/	/	/	/
	平均	/	/	/	/	/	/	/	/	/	/	/	/
东单6531（续）	2018	/	/	3	R	59.83	MR	0.00	HR	2.4	R	未发病	/
	2017	3	R	3	R	56.60	MR	0.00	HR	/	/	/	/
	平均	/	/	/	/	/	/	/	/	/	/	/	/
郑单958（CK）	2018	/	/	3	R	57.26	MR	8.11	R	2	R	未发病	/
	2017	3	R	3	R	57.40	S	0.00	HR	/	/	/	/
	平均	/	/	/	/	/	/	/	/	/	/	/	/

注：抗性分级为9级制。1级：HR高抗；3级：R抗；5级：MR中抗；7级：S感；9级：HS高感。

（许岩整理汇总）

2018 年浙江省甜玉米区域试验和生产试验总结

浙江省种子管理总站

一、试验概况

区域试验和生产试验参试品种见表1。区域试验采用随机区组设计，小区面积20平方米，三次重复，四周设保护行。生产试验采用大区对比，不设重复，大区面积0.3~0.5亩，四周设保护行。所有参试品种同期播种、移栽，其他田间管理按当地习惯进行，及时防治病虫害，观察记载项目和标准按试验方案及《浙江省玉米区域试验和生产试验技术操作规程》进行。

区域试验承试单位8个，分别为浙江省农业科学院作物与核技术利用研究所、东阳玉米研究所、淳安县种子管理站、仙居县种子管理站、慈溪市农业科学研究所、江山市种子管理站、温州市农业科学院和嵊州市农业科学研究所。生产试验除淳安县种子管理站不承担外，其余试点均承担，另增加嘉善县种子管理站试点。温州市农业科学院试点缺苗严重，试验数据报废，不予以汇总。品质品尝由浙江省种子管理总站组织有关专家在浙江省农业科学院作物与核技术利用研究所进行，品质分析由农业部农产品质量监督检验测试中心（杭州）和扬州大学农学院检测，检测样品由浙江省农业科学院作物与核技术利用研究所提供，抗性鉴定由东阳玉米研究所承担。

二、试验结果

（一）区域试验

1. 产量：据7个试点的产量结果汇总分析，亩产以浙甜19最高，平均鲜穗亩产1148.4千克，比对照超甜4号增产23.1%，达极显著水平；其次是科甜4号，平均鲜穗亩产1088.5千克，比对照超甜4号增产16.7%，达极显著水平；杭玉甜12居第三位，平均鲜穗亩产1075.5千克，比对照超甜4号增产15.3%，达极显著水平。除脆甜89比对照超甜4号减产外，其余参试品种均比对照超甜4号增产。

2. 生育期：生育期变幅为80.1~85.4天，其中，BMB458最短，浙甜19最长。

3. 品质：经农业部农产品质量监督检验测试中心（杭州）和扬州大学农学院检测，可溶性总糖含量变幅为21.85%~36.95%，以浙甜20最高，嘉华802最低；品质品尝综合评分为84.79~87.19分，其中，翠甜4号最高，BMB458最低。

4. 抗性：经东阳玉米研究所抗性鉴定，小斑病浙甜19、浙甜20和科甜4号表现为抗，脆甜89、嘉华802和BMB458表现为中抗，其余品种均表现为感；纹枯病杭玉甜12、脆甜89和BMB458表现为感，其余品种均表现为中抗；南方锈病所有品种均未发病；瘤黑粉病因接种试验异常，未做统计。

（二）生产试验

经 7 个试点的汇总，杭玉甜 12 平均鲜穗亩产 1065.5 千克，比对照超甜 4 号增产 10.3%。

三、品种简评

（一）区域试验

1. 杭玉甜 12：系杭州种业集团有限公司选育的甜玉米杂交品种，该品种第二年参试。本区域试验 2018 年平均亩产 1075.5 千克，比对照超甜 4 号增产 15.3%，达极显著水平；2017 年区域试验平均亩产 986.3 千克，比对照超甜 4 号增产 31.2%，达极显著水平；两年平均亩产 1030.9 千克，比对照超甜 4 号增产 23.3%。该品种 2018 年生育期 81.6 天，比对照超甜 4 号长 1.0 天。株高 255.0 厘米，穗位高 82.2 厘米，双穗率 1.3%，空秆率 0.3%，倒伏率 0%，倒折率 0%。穗长 19.9 厘米，穗粗 5.3 厘米，秃尖长 1.0 厘米，穗行数 14.7 行，行粒数 39.5 粒，单穗重 299.3 克，净穗率 74.1%，鲜千粒重 421.5 克，出籽率 76.6%。可溶性总糖含量 30.9%，感官品质、蒸煮品质综合评分 86.5 分。比对照超甜 4 号高 1.5 分。该品种感小斑病，感纹枯病。该品种产量较高，经专业组讨论，建议报审。

2. 脆甜 89：系浙江科诚种业股份有限公司选育的甜玉米杂交品种。本区域试验平均亩产 879.4 千克，比对照超甜 4 号减产 5.7%，未达显著水平。该品种生育期 82.7 天，比对照超甜 4 号长 2.1 天。株高 225.1 厘米，穗位高 78.5 厘米，双穗率 17.9%，空秆率 1.0%，倒伏率 2.4%，倒折率 0%。穗长 16.8 厘米，穗粗 4.9 厘米，秃尖长 0.4 厘米，穗行数 14.9 行，行粒数 36.2 粒，单穗重 240.6 克，净穗率 67.8%，鲜千粒重 356.2 克，出籽率 76.5%。可溶性总糖含量 26.0%，感官品质、蒸煮品质综合评分 87.0 分。比对照超甜 4 号高 2.0 分。该品种中抗小斑病，感纹枯病。该品种品质较优，经专业组讨论，建议下一年度区域试验与生产试验同步进行。

3. 翠甜 4 号：系浙江大学农学院农学系、浙江之耑种业有限责任公司选育的甜玉米杂交品种。本区域试验平均亩产 969.3 千克，比对照超甜 4 号增产 3.9%，未达显著水平。该品种生育期 81.9 天，比对照超甜 4 号长 1.3 天。株高 228.6 厘米，穗位高 80.3 厘米，双穗率 1.6%，空秆率 0%，倒伏率 5.4%，倒折率 0%。穗长 19.0 厘米，穗粗 5.3 厘米，秃尖长 1.3 厘米，穗行数 16.5 行，行粒数 38.4 粒，单穗重 284.9 克，净穗率 77.1%，鲜千粒重 377.7 克，出籽率 77.0%。可溶性总糖含量 25.8%，感官品质、蒸煮品质综合评分 87.2 分。比对照超甜 4 号高 2.2 分。该品种感小斑病，中抗纹枯病。该品种产量较高，品质较优，经专业组讨论，建议下一年度继续区域试验。

4. 浙甜 19：系东阳玉米研究所选育的甜玉米杂交品种。本区域试验平均亩产 1148.4 千克，比对照超甜 4 号增产 23.1%，达极显著水平。该品种生育期 85.4 天，比对照超甜 4 号长 4.8 天。株高 257.2 厘米，穗位高 102.7 厘米，双穗率 1.8%，空秆率 0.6%，倒伏率 0%，倒折率 0%。穗长 19.3 厘米，穗粗 5.5 厘米，秃尖长 1.5 厘米，穗行数 16.2 行，行粒数 38.7 粒，单穗重 321.7 克，净穗率 73.3%，鲜千粒重 373.7 克，出籽率 65.3%。可溶性总糖含量 28.1%，感官品质、蒸煮品质综合评分 87.1 分。比对照超甜 4 号高 2.1 分。该品种抗小斑病，中抗纹枯病。该品种产量高，品质较优，经专业组讨论，建议下一年度区域试验与生产试验同步进行。

5. 浙甜 20：系东阳玉米研究所、新昌县种子有限公司选育的甜玉米杂交品种。本区域试验平均亩产 1005.2 千克，比对照超甜 4 号增产 7.8%，未达显著水平。该品种生育期 81.7 天，比对照超甜 4 号长

1.1 天。株高 218.5 厘米，穗位高 67.2 厘米，双穗率 0.5%，空秆率 0.6%，倒伏率 0.6%，倒折率 0%。穗长 19.4 厘米，穗粗 5.4 厘米，秃尖长 0.9 厘米，穗行数 15.2 行，行粒数 36.9 粒，单穗重 296.1 克，净穗率 73.0%，鲜千粒重 418.2 克，出籽率 75.3%。可溶性总糖含量 37.0%，感官品质、蒸煮品质综合评分 85.3 分。比对照超甜 4 号高 0.3 分。该品种抗小斑病，中抗纹枯病。该品种产量较高，经专业组讨论，建议下一年度继续区域试验。

6. 科甜 4 号：系浙江省农业科学院作物与核技术利用研究所选育的甜玉米杂交品种。本区域试验平均亩产 1088.5 千克，比对照超甜 4 号增产 16.7%，达极显著水平。该品种生育期 83.6 天，比对照超甜 4 号长 3.0 天。株高 247.3 厘米，穗位高 82.4 厘米，双穗率 13.3%，空秆率 0%，倒伏率 0%，倒折率 0%。穗长 19.1 厘米，穗粗 5.4 厘米，秃尖长 0.6 厘米，穗行数 16.2 行，行粒数 42.3 粒，单穗重 289.2 克，净穗率 71.5%，鲜千粒重 345.0 克，出籽率 75.8%。可溶性总糖含量 36.8%，感官品质、蒸煮品质综合评分 87.1 分。比对照超甜 4 号高 2.1 分。该品种抗小斑病，中抗纹枯病。该品种产量高，品质较优，经专业组讨论，建议下一年度区域试验与生产试验同步进行。

7. 嘉华 802：系南京嘉华农业发展有限公司、杭州种业集团有限公司选育的甜玉米杂交品种。本区域试验平均亩产 965.5 千克，比对照超甜 4 号增产 3.5%，未达显著水平。该品种生育期 83.9 天，比对照超甜 4 号长 3.3 天。株高 251.7 厘米，穗位高 94.0 厘米，双穗率 0.3%，空秆率 2.3%，倒伏率 0%，倒折率 0%。穗长 27.3 厘米，穗粗 5.2 厘米，秃尖长 1.4 厘米，穗行数 13.7 行，行粒数 39.5 粒，单穗重 284.5 克，净穗率 70.4%，鲜千粒重 417.6 克，出籽率 72.5%。可溶性总糖含量 21.9%，感官品质、蒸煮品质综合评分 83.4 分。比对照超甜 4 号低 1.6 分。该品种中抗小斑病，中抗纹枯病。该品种未达审定标准，经专业组讨论，建议终止试验。

8. BMB458：系北京保民种业有限公司选育的甜玉米杂交品种。本区域试验平均亩产 996.9 千克，比对照超甜 4 号增产 6.9%，未达显著水平。该品种生育期 80.1 天，比对照超甜 4 号短 0.5 天。株高 216.8 厘米，穗位高 67.8 厘米，双穗率 4.3%，空秆率 0%，倒伏率 0%，倒折率 0%。穗长 20.9 厘米，穗粗 5.2 厘米，秃尖长 1.4 厘米，穗行数 18.7 行，行粒数 39.5 粒，单穗重 295.6 克，净穗率 74.9%，鲜千粒重 324.5 克，出籽率 73.8%。可溶性总糖含量 27.2%，感官品质、蒸煮品质综合评分 84.8 分。比对照超甜 4 号低 0.2 分。该品种中抗小斑病，感纹枯病。该品种产量较高，经专业组讨论，建议下一年度继续区域试验。

（二）生产试验

杭玉甜 12：系杭州种业集团有限公司选育成的甜玉米杂交品种。本试验平均鲜穗亩产 1065.5 千克，比对照超甜 4 号增产 10.3%。品种生育期 81.2 天，比对超甜 4 号长 0.9 天。株高 638.3 厘米，穗位高 81.7 厘米，双穗率 28.4%，空秆率 0%，倒伏率 0%，倒折率 0%。穗长 20.1 厘米，穗粗 5.3 厘米，秃尖长 1.0 厘米，穗行数 14.9 行，行粒数 40.1 粒，单穗重 304.2 克，净穗率 73.5%，鲜千粒重 413.4 克，出籽率 77.1%。该品种产量较高，品质较优，经专业组讨论，建议报审。

相关结果见表 1～表 6。

表1 2018年浙江省甜玉米区域试验和生产试验参试品种和申报（供种）单位表

试验类别	品种名称	亲本	申报（供种）单位
区域试验	杭玉甜12（续）	TM-1×TF-5	杭州种业集团有限公司
	脆甜89	BS74-6×SD205	浙江科诚种业股份有限公司
	翠甜4号	T39-2422×S69-2211	浙江大学农学院农学系、浙江之耘种业有限责任公司
	浙甜19	亚杰13-2×先5-116	东阳玉米研究所
	浙甜20	2017cb401×12hi307	东阳玉米研究所、新昌县种子有限公司
	科甜4号	J11×T1108	浙江省农业科学院作物与核技术利用研究所
	嘉华802	JH981×JH846	南京嘉华农业发展有限公司、杭州种业集团有限公司
	BMB458	BMC90101×BML090102	北京保民种业有限公司
	超甜4号（CK）	/	东阳玉米研究所
生产试验	杭玉甜12	TM-1×TF-5	杭州种业集团有限公司
	超甜4号（CK）	/	东阳玉米研究所

表2 2018年浙江省甜玉米区域试验和生产试验参试品种产量表

试验类别	品种名称	亩产/千克	亩产与对照比较/%	差异显著性 0.05	差异显著性 0.01	各试点亩产/千克 省农科	淳安	江山	嵊州所	仙居	慈溪	东阳	嘉善
区域试验	浙甜19	1148.4	23.1	a	A	1197.5	1008.2	1184.2	1298.2	1155.6	1189.5	1005.4	/
	科甜4号	1088.5	16.7	a	AB	1193.6	773.9	1177.6	1294.5	1192.3	929.6	1057.7	/
	杭玉甜12（续）	1075.5	15.3	ab	ABC	1108.9	920.8	1210.3	1255.6	862.3	1009.1	1161.4	/
	浙甜20	1005.2	7.8	bc	BCD	1255.1	783.9	1040.4	1198.3	840.0	984.8	933.8	/
	BMB458	996.9	6.9	bc	BCD	866.4	836.7	1086.1	1227	1027.8	1039.2	895.3	/
	翠甜4号	969.3	3.9	c	CDE	1046	779.4	1071.9	984.3	977.8	1080.9	845.1	/
	嘉华802	965.5	3.5	c	CDE	884.1	754.3	1091.6	1287.2	944.5	895.1	901.8	/
	超甜4号（CK）	932.8	0.0	cd	DE	970.5	784.8	890.0	1142.4	983.4	880.5	878.2	/
	脆甜89	879.4	-5.7	d	E	821.6	805.6	880.2	899.2	1110.1	748.9	890.0	/
生产试验	杭玉甜12	1065.5	10.3	/	/	1203.9	/	1081.4	1143.4	1014.9	967.7	1156.2	890.7
	超甜4号（CK）	965.7	0.0	/	/	900	/	886.3	1086.8	1092.0	834.3	779.8	1180.6

表3 2018 年浙江省甜玉米区域试验和生产试验参试品种生育期和植株性状表

试验类别	品种名称	生育期/天	株高/厘米	穗位高/厘米	双穗率/%	空秆率/%	倒伏率/%	倒折率/%
区域试验	杭玉甜 12（续）	81.6	255.0	82.2	1.3	0.3	0.0	0
	脆甜 89	82.7	225.1	78.5	17.9	1.0	2.4	0
	翠甜 4 号	81.9	228.6	80.3	1.6	0.0	5.4	0
	浙甜 19	85.4	257.2	102.7	1.8	0.6	0.0	0
	浙甜 20	81.7	218.5	67.2	0.5	0.6	0.6	0
	科甜 4 号	83.6	247.3	82.4	13.3	0.0	0.0	0
	嘉华 802	83.9	251.7	94.0	0.3	2.3	0.0	0
	BMB458	80.1	216.8	67.8	4.3	0.0	0.0	0
	超甜 4 号（CK）	80.6	231.2	80.2	6.1	2.1	2.2	0
生产试验	杭玉甜 12	81.2	638.3	81.7	28.4	0.0	0.0	0
	超甜 4 号（CK）	80.3	233.6	79.9	32.8	0.4	0.0	0

表4 2018 年浙江省甜玉米区域试验和生产试验参试品种果穗性状表

试验类别	品种名称	穗长/厘米	穗粗/厘米	秃尖长/厘米	穗行数/行	行粒数/粒	单穗重/克	净穗率/%	千粒重/克	出籽率/%
区域试验	杭玉甜 12（续）	19.9	5.3	1.0	14.7	39.5	299.3	74.1	421.5	76.6
	脆甜 89	16.8	4.9	0.4	14.9	36.2	240.6	67.8	356.2	76.5
	翠甜 4 号	19.0	5.3	1.3	16.5	38.4	284.9	77.1	377.7	77.0
	浙甜 19	19.3	5.5	1.5	16.2	38.7	321.7	73.3	373.7	65.3
	浙甜 20	19.4	5.4	0.9	15.2	36.9	296.1	73.0	418.2	75.3
	科甜 4 号	19.1	5.4	0.6	16.2	42.3	289.2	71.5	345.0	75.8
	嘉华 802	27.3	5.2	1.4	13.7	39.5	284.5	70.4	417.6	72.5
	BMB458	20.9	5.2	1.4	18.7	39.5	295.6	74.9	324.5	73.8
	超甜 4 号（CK）	20.7	5.1	1.0	14.1	39.9	293.3	75.1	401.4	75.7
生产试验	杭玉甜 12	20.1	5.3	1.0	14.9	40.1	304.2	73.5	413.4	77.1
	超甜 4 号（CK）	20.5	5.2	1.3	14.2	39.6	286.9	73.8	393.0	75.6

表5 2018年浙江省甜玉米区域试验参试品种品质表

品种名称	感官品质	蒸煮品质					蒸煮总分	总评分	可溶性总糖含量/%
		色泽	风味	甜度	柔嫩性	皮薄厚			
杭玉甜12（续）	25.60	5.30	15.30	16.10	8.30	15.90	60.90	86.5	30.9
脆甜89	25.57	5.07	15.07	16.50	8.36	16.43	61.43	87.0	26.0
翠甜4号	25.64	5.29	15.36	15.97	8.36	16.57	61.54	87.2	25.8
浙甜19	24.93	5.36	15.71	16.50	8.21	16.36	62.14	87.1	28.1
浙甜20	25.71	5.21	15.07	15.71	7.86	15.71	59.57	85.3	37.0
科甜4号	24.93	5.43	15.50	16.50	8.36	16.43	62.21	87.1	36.8
嘉华802	24.79	5.14	14.86	15.57	7.64	15.36	58.57	83.4	21.9
BMB458	25.36	5.07	14.57	15.86	7.93	16.00	59.43	84.8	27.2
超甜4号（CK）	26.00	6.00	14.00	16.00	8.00	15.00	59.00	85.0	30.7

表6 2018年浙江省甜玉米区域试验参试品种主要病虫害抗性表

品种名称	小斑病		纹枯病		瘤黑粉病		南方锈病	
	病级	抗性评价	病情指数	抗性评价	发病率	抗性评价	病情指数	抗性评价
杭玉甜12（续）	7	S	69.78	S	报废	/	未发病	/
脆甜89	5	MR	64.44	S	报废	/	未发病	/
翠甜4号	7	S	51.11	MR	报废	/	未发病	/
浙甜19	3	R	44.97	MR	报废	/	未发病	/
浙甜20	3	R	54.55	MR	报废	/	未发病	/
科甜4号	3	R	59.42	MR	报废	/	未发病	/
嘉华802	5	MR	44.89	MR	报废	/	未发病	/
BMB458	5	MR	75.11	S	报废	/	未发病	/
超甜4号（CK）	7	S	48.44	MR	报废	/	未发病	/

注：抗性分级为9级制。1级：HR 高抗；3级：R 抗；5级：MR 中抗；7级：S 感；9级：HS 高感。

（俞琦英整理汇总）

2018 年浙江省糯玉米区域试验和生产试验总结

浙江省种子管理总站

一、试验概况

区域试验和生产试验参试品种见表 1。区域试验采用随机区组设计，小区面积 20 平方米，三次重复，四周设保护行。生产试验采用大区对比，不设重复，大区面积 0.3～0.5 亩，四周设保护行。所有参试品种同期播种、移栽，其他田间管理按当地习惯进行，及时防治病虫害，观察记载项目和标准按试验方案及《浙江省玉米区域试验和生产试验技术操作规程》进行。

区域试验承试单位 8 个，分别由东阳玉米研究所、淳安县种子管理站、嘉善县种子管理站、浙江省农业科学院作物与核技术利用研究所、江山市种子管理站、慈溪市农业科学研究所、仙居县种子管理站和嵊州市农业科学研究所承担。生产试验除淳安县种子管理站不承担外，其余试点均承担，另增加温州市农业科学院试点，共 8 个承试单位。但因温州市农业科学院试点试验缺苗严重，故试验报废，不予以汇总。品质品尝由浙江省种子管理总站组织有关专家在浙江省农业科学院作物与核技术利用研究所进行。品质分析由农业部稻米及其制品质量监督检验测试中心（杭州）和扬州大学农学院检测，样品由浙江省农业科学院作物与核技术利用研究所提供。抗性鉴定由东阳玉米研究所承担。

二、试验结果

（一）区域试验

1. 产量：据 8 个试点的产量结果汇总分析，参试品种中，浙糯玉 14 亩产最高，平均鲜穗亩产为 1114.3 千克，比对照浙糯玉 5 号增产 11.1%，达极显著水平；科糯 6 号次之，平均鲜穗亩产为 1110.5 千克，比对照浙糯玉 5 号增产 10.7%，达极显著水平；浙大糯玉 12 第三，平均鲜穗亩产为 1094.2 千克，比对照浙糯玉 5 号增产 9.1%，达极显著水平；比对照浙糯玉 5 号增产达极显著水平的还有丰甜糯 1 号，平均鲜穗亩产为 1090.2 千克，比对照浙糯玉 5 号增产 8.7%。

2. 生育期：生育期变幅为 81.0～83.9 天，其中，对照浙糯玉 5 号最短，浙大糯玉 12 最长。

3. 品质：所有参试品种品质品尝综合评分为 83.1～88.8 分，其中，科糯 6 号最高，浙大糯玉 12 最低。

4. 抗性：经东阳玉米研究所抗性鉴定，小斑病表现为感的是浙糯玉 15，其余品种均表现为抗或者中抗；纹枯病表现为感的是杭糯玉 21，其余品种均表现为抗或者中抗；南方锈病所有品种均未发病；瘤黑粉病因接种试验异常，未做统计。

（二）生产试验

生产试验据 7 个试点汇总，杭糯玉 21 平均鲜穗亩产为 972.9 千克，比对照浙糯玉 5 号减产 2.4%；浙糯玉 14 平均鲜穗亩产为 1064.5 千克，比对照增产 6.8%。

三、品种简评

（一）区域试验

1. 杭糯玉 21：系杭州市种业集团有限公司选育的糯玉米杂交组合，该品种第二年参试。本区域试验平均亩产 986.5 千克，比对照浙糯玉 5 号减产 1.7%，未达显著水平；2017 年区域试验平均亩产 837.3 千克，比对照浙糯玉 5 号增产 5.3%，未达显著水平；两年平均亩产 911.9 千克，比对照浙糯玉 5 号增产 1.8%。该组合生育期 81.1 天，比对照浙糯玉 5 号长 0.1 天。株高 215.0 厘米，穗位高 85.5 厘米，双穗率 0.8%，空杆率 0%，倒伏率 0%，倒折率 0%。穗长 18.5 厘米，穗粗 5.3 厘米，秃尖长 0.8 厘米，穗行数 13.8 行，行粒数 37.3 粒，单穗重 270.0 克，净穗率 76.6%，鲜千粒重 380.9 克，出籽率 68.5%。直链淀粉含量 1.97%，感官品质、蒸煮品质综合评分 88.6 分，比对照浙糯玉 5 号高 3.6 分。该品种中抗小斑病，感纹枯病。该品种品质优，经专业组讨论，建议报审。

2. 浙糯玉 14：系东阳玉米研究所选育的糯玉米杂交组合，该品种第二年参试。本区域试验平均亩产 1114.3 千克，比对照浙糯玉 5 号增产 11.1%，达极显著水平；2017 年区域试验平均亩产 878.6 千克，比对照浙糯玉 5 号增产 10.5%，未达显著水平；两年平均亩产 996.5 千克，比对照浙糯玉 5 号增产 10.8%。该组合生育期 83.3 天，比对照浙糯玉 5 号长 2.3 天。株高 269.1 厘米，穗位高 120.9 厘米，双穗率 22.7%，空杆率 0%，倒伏率 2.7%，倒折率 0.3%。穗长 18.8 厘米，穗粗 5.2 厘米，秃尖长 1.0 厘米，穗行数 12.6 行，行粒数 39.7 粒，单穗重 273.9 克，净穗率 75.4%，鲜千粒重 434.3 克，出籽率 74.3%。直链淀粉含量 3.13%，感官品质、蒸煮品质综合评分 84.9 分，比对照浙糯玉 5 号低 0.1 分。该品种抗小斑病，中抗纹枯病。该品种产量较高，经专业组讨论，建议报审。

3. 浙糯玉 15：系东阳玉米研究所选育的糯玉米杂交组合，该品种第二年参试。本区域试验平均亩产 1024.0 千克，比对照浙糯玉 5 号增产 2.1%，未达显著水平；2017 年区域试验平均亩产 847.3 千克，比对照浙糯玉 5 号增产 6.6%，未达显著水平；两年平均亩产 935.7 千克，比对照浙糯玉 5 号增产 4.4%。该组合生育期 83.6 天，比对照浙糯玉 5 号长 2.6 天。株高 271.0 厘米，穗位高 117.1 厘米，双穗率 0%，空杆率 0.6%，倒伏率 0.4%，倒折率 0%。穗长 20.0 厘米，穗粗 5.4 厘米，秃尖长 1.2 厘米，穗行数 15.7 行，行粒数 34.5 粒，单穗重 280.8 克，净穗率 74.6%，鲜千粒重 383.9 克，出籽率 66.7%。直链淀粉含量 1.11%，感官品质、蒸煮品质综合评分 84.8 分，比对照浙糯玉 5 号低 0.2 分。该品种感小斑病，抗纹枯病。该品种 DNA 检测与上年有 5 个位点差异，经专业组讨论，建议终止试验。

4. 浙糯玉 19：系东阳玉米研究所选育的糯玉米杂交组合。本区域试验平均亩产 1015.2 千克，比对照浙糯玉 5 号增产 1.2%，未达显著水平；2017 年区域试验平均亩产 889.8 千克，比对照浙糯玉 5 号增产 11.9%，达显著水平；两年平均亩产 952.5 千克，比对照浙糯玉 5 号增产 6.6%。该组合生育期 82.5 天，比对照浙糯玉 5 号长 1.5 天。株高 244.4 厘米，穗位高 94.2 厘米，双穗率 5.5%，空杆率 0%，倒伏率 0%，倒折率 0%。穗长 21.2 厘米，穗粗 4.8 厘米，秃尖长 1.3 厘米，穗行数 14.3 行，行粒数 40.5 粒，单穗重 263.1 克，净穗率 70.5%，鲜千粒重 340.8 克，出籽率 72.5%。直链淀粉含量 2.02%，感官品质、蒸煮品质综合评分 84.6 分，比对照浙糯玉 5 号低 0.4 分。该品种抗小斑病，中抗纹枯病。该品种 DNA 检测与上年有 5 个位点差异，经专业组讨论，建议终止试验。

5. 花甜糯 2018：系浙江科诚种业股份有限公司选育的糯玉米杂交组合。本区域试验平均亩产 968.4 千克，比对照浙糯玉 5 号减产 3.5%，未达显著水平。该组合生育期 82.1 天，比对照浙糯玉 5 号长 1.1 天。株高 247.3 厘米，穗位高 97.4 厘米，双穗率 6.0%，空杆率 1.0%，倒伏率 0%，倒折率 0%。穗长 22.6 厘米，穗粗 4.9 厘米，秃尖长 1.2 厘米，穗行数 15.4 行，行粒数 38.5 粒，单穗重 272.5 克，净穗率 80.4%，鲜千粒重 367.0 克，出籽率 72.3%。直链淀粉含量 2.08%，感官品质、蒸煮品质综合评分 84.8 分，比对照浙糯玉 5 号低 0.2 分。该品种中抗小斑病，中抗纹枯病。该品种未达审定标准，经专业组讨论，建议终止试验。

6. 浙大糯玉 12：系浙江大学农学院农学系、浙江之宜种业有限公司选育的糯玉米杂交组合。本区域试验平均亩产 1094.2 千克，比对照浙糯玉 5 号增产 9.1%，达极显著水平。该组合生育期 83.9 天，比对照浙糯玉 5 号长 2.9 天。株高 235.6 厘米，穗位高 103.9 厘米，双穗率 0.6%，空杆率 0.3%，倒伏率 10.6%，倒折率 0%。穗长 24.2 厘米，穗粗 4.9 厘米，秃尖长 3.7 厘米，穗行数 14.5 行，行粒数 41.7 粒，单穗重 289.1 克，净穗率 72.9%，鲜千粒重 328.4 克，出籽率 63%。直链淀粉含量 2.23%，感官品质、蒸煮品质综合评分 83.1 分，比对照浙糯玉 5 号低 1.9 分。该品种抗小斑病，抗纹枯病。该品种未达审定标准，经专业组讨论，建议终止试验。

7. 浙糯玉 18：系东阳玉米研究所选育的甜玉米杂交组合。本区域试验平均亩产 719.8 千克，比对照浙糯玉 5 号减产 28.2%，达极显著水平。该组合生育期 81.4 天，比对照浙糯玉 5 号长 0.4 天。株高 214.9 厘米，穗位高 92.4 厘米，双穗率 3.2%，空杆率 0%，倒伏率 0%，倒折率 0%。穗长 15.7 厘米，穗粗 4.4 厘米，秃尖长 0.2 厘米，穗行数 14.3 行，行粒数 31.7 粒，单穗重 153.0 克，净穗率 68.2%，鲜千粒重 299.9 克，出籽率 75.1%。直链淀粉含量 2.30%，感官品质、蒸煮品质综合评分 86.8 分，比对照浙糯玉 5 号高 1.8 分。该品种抗小斑病，抗纹枯病。该品种抗性较强，经专业组讨论，建议下一年度继续区域试验。

8. 科糯 6 号：系浙江省农业科学院作物与核技术利用研究所、浙江农林大学选育的糯玉米杂交组合。本区域试验平均亩产 1110.5 千克，比对照浙糯玉 5 号增产 10.7%，达极显著水平。该组合生育期 82.9 天，比对照浙糯玉 5 号长 1.9 天。株高 249.5 厘米，穗位高 98.2 厘米，双穗率 5.9%，空杆率 0%，倒伏率 0.6%，倒折率 0%。穗长 19.9 厘米，穗粗 5.0 厘米，秃尖长 1.1 厘米，穗行数 15.3 行，行粒数 37.6 粒，单穗重 288.7 克，净穗率 73.5%，鲜千粒重 369.4 克，出籽率 66.9%。直链淀粉含量 2.04%，感官品质、蒸煮品质综合评分 88.8 分，比对照浙糯玉 5 号高 3.8 分。该品种抗小斑病，抗纹枯病。该品种产量较高，品质优，经专业组讨论，建议下一年度区域试验与生产试验同步进行。

9. 丰甜糯 1 号：系浙江可得丰种业有限公司选育的糯玉米杂交组合。本区域试验平均亩产 1090.2 千克，比对照浙糯玉 5 号增产 8.7%，达极显著水平。该组合生育期 82.5 天，比对照浙糯玉 5 号长 1.5 天。株高 246.9 厘米，穗位高 100.4 厘米，双穗率 9.9%，空杆率 0%，倒伏率 2.2%，倒折率 0%。穗长 20.0 厘米，穗粗 5.0 厘米，秃尖长 1.7 厘米，穗行数 14.4 行，行粒数 39.9 粒，单穗重 268.7 克，净穗率 72.3%，鲜千粒重 374.0 克，出籽率 71.4%。直链淀粉含量 2.34%，感官品质、蒸煮品质综合评分 83.6 分，比对照浙糯玉 5 号低 1.4 分。该品种中抗小斑病，抗纹枯病。该品种未达审定标准，经专业组讨论，建议终止试验。

10. 诚糯 8 号：系杭州众诚农业科技有限公司选育的糯玉米杂交组合。本区域试验平均亩产 953.0 千克，比对照浙糯玉 5 号减产 5.0%，未达显著水平。该组合生育期 82.8 天，比对照浙糯玉 5 号长 1.8

天。株高 254.2 厘米，穗位高 108.7 厘米，双穗率 6.3%，空杆率 0%，倒伏率 1.5%，倒折率 0%。穗长 18.4 厘米，穗粗 5.0 厘米，秃尖长 1.5 厘米，穗行数 14.8 行，行粒数 36.6 粒，单穗重 237.4 克，净穗率 72.4%，鲜千粒重 333.1 克，出籽率 72.1%。直链淀粉含量 2.01%，感官品质、蒸煮品质综合评分 87.1 分，比对照浙糯玉 5 号高 2.1 分。该品种中抗小斑病，抗纹枯病。该品种品质较优，经专业组讨论，建议下一年度区域试验与生产试验同步进行。

11. 中桥白甜糯三号：系杭州富阳金土地种业有限公司、北京中农绿桥科技有限公司选育的糯玉米杂交组合。本区域试验平均亩产 953.5 千克，比对照浙糯玉 5 号减产 4.9%，未达显著水平。该组合生育期 81.6 天，比对照浙糯玉 5 号长 0.6 天。株高 215.1 厘米，穗位高 84.5 厘米，双穗率 0.3%，空杆率 0.3%，倒伏率 0%，倒折率 0%。穗长 19.3 厘米，穗粗 5.2 厘米，秃尖长 1.2 厘米，穗行数 14.5 行，行粒数 38.8 粒，单穗重 271.7 克，净穗率 70.8%，鲜千粒重 347.1 克，出籽率 68.4%。直链淀粉含量 1.53%，感官品质、蒸煮品质综合评分 87.4 分，比对照浙糯玉 5 号高 2.4 分。该品种抗小斑病，中抗纹枯病。该品种品质较优，经专业组讨论，建议下一年度区域试验与生产试验同步进行。

（二）生产试验

1. 杭糯玉 21：系杭州市种业集团有限公司选育成的糯玉米杂交组合。本区域试验平均鲜穗亩产 972.9 千克，比对照浙糯玉 5 号减产 2.4%。品种生育期 80.8 天，和对照浙糯玉 5 号相同。株高 213.2 厘米，穗位高 83.7 厘米，双穗率 2.3%，空杆率 0%，倒伏率 0%，倒折率 0%。穗长 18.4 厘米，穗粗 5.2 厘米，秃尖长 1.0 厘米，穗行数 13.6 行，行粒数 38.4 粒，单穗重 271.0 克，净穗率 72.3%，鲜千粒重 389.6 克，出籽率 67.8%。该品种产量一般，品质较优，经专业组讨论，建议报审。

2. 浙糯玉 14：系东阳玉米研究所选育成的糯玉米杂交组合。本区域试验平均鲜穗亩产 1064.5 千克，比对照浙糯玉 5 号增产 6.8%。品种生育期 82.5 天，比对照浙糯玉 5 号长 1.7 天。株高 261.5 厘米，穗位高 114.1 厘米，双穗率 31.2%，空杆率 0%，倒伏率 9.4%，倒折率 0%。穗长 19.0 厘米，穗粗 5.1 厘米，秃尖长 1.1 厘米，穗行数 12.9 行，行粒数 40.2 粒，单穗重 266.7 克，净穗率 71.6%，鲜千粒重 394.9 克，出籽率 68.4%。该品种产量较高，经专业组讨论，建议报审。

相关结果见表 1～表 6。

表 1 2018 年浙江省糯玉米区域试验和生产试验参试品种和申报（供种）单位表

试验类别	品种名称	亲本	申报（供种）单位
区域试验	杭糯玉 21（续）	N-21×TN789	杭州市种业集团有限公司
	浙糯玉 14（续）	ZA3-1×W3	东阳玉米研究所
	浙糯玉 15（续）	09008×Z2H4	东阳玉米研究所
	浙糯玉 19（续）	ZW301×兰 323	东阳玉米研究所
	花甜糯 2018	YW340×SW13	浙江科诚种业股份有限公司
	浙大糯玉 12	TN341-2321×N32-3232	浙江大学农学院农学系、浙江之豇种业有限公司
	浙糯玉 18	W3×WT2	东阳玉米研究所
	科糯 6 号	Z8×TN932	浙江省农业科学院作物与核技术利用研究所、浙江农林大学

（续表）

试验类别	品种名称	亲本来源	申报（供种）单位
区域试验	丰甜糯1号	b210×c001	浙江可得丰种业有限公司
	诚糯8号	DW317×SW160	杭州众诚农业科技有限公司
	中桥白甜糯三号	CN-6×DNF-66	杭州富阳金土地种业有限公司、北京中农绿桥科技有限公司
	浙糯玉5号（CK）	/	东阳玉米研究所
生产试验	杭糯玉21	N-21×TN789	杭州市种业集团有限公司
	浙糯玉14	ZA3-1×W3	东阳玉米研究所
	浙糯玉5号（CK）	/	东阳玉米研究所

表2　2018年浙江省糯玉米区域试验和生产试验参试品种产量表

试验类别	品种名称	亩产/千克	亩产与对照比较/%	差异显著性 0.05	差异显著性 0.01	各试点亩产/千克 省农科	淳安	嘉善	江山	嵊州	仙居	东阳	慈溪
区域试验	浙糯玉14（续）	1114.3	11.1	a	A	1185.8	950.3	1163.4	1284.4	1281.7	1369.0	736.7	942.7
	科糯6号	1110.5	10.7	a	A	1102.9	952.9	1329.0	1240.8	1291.7	1220.1	749.0	997.8
	浙大糯玉12	1094.2	9.1	a	A	1080.1	987.2	1446.7	1115.5	1228.4	1184.5	738.7	972.2
	丰甜糯1号	1090.2	8.7	a	A	1208.1	860.2	1302.3	1039.3	1303.4	1171.2	863.2	974.2
	浙糯玉15（续）	1024.0	2.1	b	B	965.4	982.8	1363.4	1022.9	1131.7	994.5	747.0	984.0
	浙糯玉19（续）	1015.2	1.2	bc	B	1035.8	909.6	1144.5	1063.2	1161.7	1175.6	731.5	899.9
	浙糯玉5号（CK）	1003.1	0.0	bc	B	924.2	905.0	1210.1	1055.6	1210.1	1120.1	698.6	900.8
	杭糯玉21（续）	986.5	-1.7	bc	B	1001.4	944.9	1128.9	1006.6	1085.1	965.6	744.9	1014.4
	花甜糯2018	968.4	-3.5	bc	B	1044.2	899.5	1165.6	982.6	966.7	1024.5	670.8	993.6
	中桥白甜糯3号	953.5	-4.9	c	B	937.9	1026.6	1062.3	968.5	1110.1	892.3	714.0	916.6
	诚糯8号	953.0	-5.0	c	B	976.6	821.9	1166.7	1039.3	1085.1	1093.4	653.3	787.3
	浙糯玉18	719.8	-28.2	d	C	703.2	571.3	887.8	715.7	881.7	805.6	543.2	649.6
生产试验	杭糯玉21	972.9	-2.4	/	/	1004.3	/	1264.0	922.2	1113.7	980.0	723.7	802.7
	浙糯玉14	1064.5	6.8	/	/	1063.2		1307.3	1218.1	1265.3	1080.9	713.4	803.6
	浙糯玉5号（CK）	996.4	/	/	/	896.2	/	1384.0	942.2	1223.6	1025.6	678.4	825.1

表3 2018年浙江省糯玉米区域试验和生产试验参试品种生育期和植株性状表

试验类别	品种名称	生育期/天	株高/厘米	穗位高/厘米	双穗率/%	空秆率/%	倒伏率/%	倒折率/%
区域试验	杭糯玉21（续）	81.1	215.0	85.5	0.8	0	0	0
	浙糯玉14（续）	83.3	269.1	120.9	22.7	0	2.7	0.3
	浙糯玉15（续）	83.6	271.0	117.1	0	0.6	0.4	0
	浙糯玉19（续）	82.5	244.4	94.2	5.5	0	0	0
	花甜糯2018	82.1	247.3	97.4	6.0	1.0	0	0
	浙大糯玉12	83.9	235.6	103.9	0.6	0.3	10.6	0
	浙糯玉18	81.4	214.9	92.4	3.2	0	0	0
	科糯6号	82.9	249.5	98.2	5.9	0	0.6	0
	丰甜糯1号	82.5	246.9	100.4	9.9	0	2.2	0
	诚糯8号	82.8	254.2	108.7	6.3	0	1.5	0
	中桥白甜糯三号	81.6	215.1	84.5	0.3	0.3	0	0
	浙糯玉5号（CK）	81.0	242.6	94.0	2.0	0	9.0	0
生产试验	杭糯玉21	80.8	213.2	83.7	2.3	0	0	0
	浙糯玉14	82.5	261.5	114.1	31.2	0	9.4	0
	浙糯玉5号（CK）	80.8	238.7	89.6	5.5	0.4	9.6	0

表4 2018年浙江省糯玉米区域试验和生产试验参试品种果穗性状表

试验类别	品种名称	穗长/厘米	穗粗/厘米	秃尖长/厘米	穗行数/行	行粒数/粒	单穗重/克	净穗率/%	鲜千粒重/克	出籽率/%
区域试验	杭糯玉21（续）	18.5	5.3	0.8	13.8	37.3	270	76.6	380.9	68.5
	浙糯玉14（续）	18.8	5.2	1.0	12.6	39.7	273.9	75.4	434.3	74.3
	浙糯玉15（续）	20.0	5.4	1.2	15.7	34.5	280.8	74.6	383.9	66.7
	浙糯玉19（续）	21.2	4.8	1.3	14.3	40.5	263.1	70.5	340.8	72.5
	花甜糯2018	22.6	4.9	1.2	15.4	38.5	272.5	80.4	367.0	72.3
	浙大糯玉12	24.2	4.9	3.7	14.5	41.7	289.1	72.9	328.4	63.0
	浙糯玉18	15.7	4.4	0.2	14.3	31.7	153.0	68.2	299.9	75.1
	科糯6号	19.9	5.0	1.1	15.3	37.6	288.7	73.5	369.4	66.9
	丰甜糯1号	20.0	5.0	1.7	14.4	39.9	268.7	72.3	374.0	71.4
	诚糯8号	18.4	5.0	1.5	14.8	36.6	237.4	72.4	333.1	72.1
	中桥白甜糯三号	19.3	5.2	1.2	14.5	38.8	271.7	70.8	347.1	68.4
	浙糯玉5号（CK）	20.8	5.0	1.2	15.0	36.3	268.0	76.2	357.0	69.2
生产试验	杭糯玉21	18.4	5.2	1.0	13.6	38.4	271.0	72.3	389.6	67.8
	浙糯玉14	19.0	5.1	1.1	12.9	40.2	266.7	71.6	394.9	68.4
	浙糯玉5号（CK）	20.6	4.8	0.9	15.2	37.4	250.8	69.7	354.2	68.5

表5 2018年浙江省糯玉米区域试验参试品种品质表

试验类别	品种名称	感官品质	蒸煮品质						总评分	直链淀粉含量/%
			色泽	风味	糯性	柔嫩性	皮薄厚	总分		
区域试验	杭糯玉21（续）	25.21	5.43	15.79	16.79	8.64	16.79	63.44	88.6	1.97
	浙糯玉14（续）	25.71	5.14	14.93	15.64	8.00	15.43	59.14	84.9	3.13
	浙糯玉15（续）	24.50	4.86	15.07	15.71	8.36	16.29	60.29	84.8	1.11
	浙糯玉19（续）	24.43	5.14	15.14	15.79	8.36	15.71	60.14	84.6	2.02
	花甜糯2018	24.79	5.07	14.79	15.71	8.43	16.00	60.00	84.8	2.08
	浙大糯玉12	23.21	5.21	15.00	15.64	8.07	15.93	59.85	83.1	2.23
	浙糯玉18	24.64	5.50	15.50	16.71	8.14	16.29	62.14	86.8	2.30
	科糯6号	26.43	5.36	15.64	16.50	8.50	16.36	62.36	88.8	2.04
	丰甜糯1号	25.43	5.29	14.71	15.50	7.71	15.00	58.21	83.6	2.34
	诚糯8号	26.29	5.36	15.29	16.21	8.21	15.71	60.78	87.1	2.01
	中桥白甜糯三号	25.93	5.29	15.43	16.36	8.29	16.14	61.51	87.4	1.53
	浙糯玉5号（CK）	26.00	6.00	14.00	16.00	8.00	15.00	59.00	85.0	1.32

表6 2018年浙江省糯玉米区域试验参试品种主要病虫害抗性表

试验类别	品种名称	小斑病		纹枯病		瘤黑粉病		南方锈病	
		病级	抗性评价	病情指数	抗性评价	发病率	抗性评价	病情指数	抗性评价
区域试验	杭糯玉21（续）	5	MR	67.11	S	报废	/	未发病	/
	浙糯玉14（续）	3	R	45.03	MR	报废	/	未发病	/
	浙糯玉15（续）	7	S	35.11	R	报废	/	未发病	/
	浙糯玉19（续）	3	R	42.22	MR	报废	/	未发病	/
	花甜糯2018	5	MR	44.00	MR	报废	/	未发病	/
	浙大糯玉12	3	R	35.90	R	报废	/	未发病	/
	浙糯玉18	3	R	37.78	R	报废	/	未发病	/
	科糯6号	3	R	34.92	R	报废	/	未发病	/
	丰甜糯1号	5	MR	39.68	R	报废	/	未发病	/
	诚糯8号	5	MR	39.56	R	报废	/	未发病	/
	中桥白甜糯三号	3	R	59.14	MR	报废	/	未发病	/
	浙糯玉5号（CK）	7	S	42.59	MR	报废	/	未发病	/

注：抗性分级为9级制。1级：HR 高抗；3级：R 抗；5级：MR 中抗；7级：S 感；9级：HS 高感。

（俞琦英整理汇总）